11
1973

Faserforschung und Textiltechnik

WISSENSCHAFTLICH-TECHNISCHE ZEITSCHRIFT FÜR DIE CHEMIEFASER- UND TEXTILINDUSTRIE

AUS DEM INHALT

AKADEMIE-VERLAG BERLIN

Faserforsch. u. Textiltechnik • 24. Jahrg. • Heft 11 • Seiten 437–478 • Berlin im November 1973
FSTXA 7 24 (11) 437–478 (1973)
Preis: 15,– M • Sonderpreis DDR: 9,– M

DK 678.5/.8–9:661.728:678.011:541.64/.68

Philipp, Burkart

Wechselbeziehung zwischen chemischer Umsetzung und übermolekularer Struktur bei der Modifizierung von Polymeren

Faserforsch. u. Textiltechnik **24** (1973) 11, S. 437–444. 4 Abb., 60 Lit.

Nach einer einleitenden Darlegung der Unterschiede zwischen homogenen und heterogenen Reaktionen an Polymeren und einer Systematik der Möglichkeiten einer gleichzeitigen Modifizierung von Primär- und Sekundärstruktur wird unter Betonung der Untersuchungen an Cellulose und ihren Derivaten ein Überblick über einige, den derzeitigen Erkenntnisstand auf diesem Gebiet charakterisierenden Ergebnisse gebracht. Abschließend werden einige sich heute abzeichnende Trends für die weitere Bearbeitung der Zusammenhänge zwischen Struktur und chemischer Modifizierung von Polymeren behandelt.

DK 678.675'126:66.095.26:677.494.675'126:541.24:519.25:677.017.2/.8

Mertel, Horst, und *Heilmann, Gerhard*

Der Einfluß der Polymerisationsbedingungen des ε-Caprolactams auf die Verteilung der relativen Molekülmasse des Polycaprolactams. Teil 2

Faserforsch. u. Textiltechnik **24** (1973) 11, S. 456–464. 28 Abb., 5 Tab., 5 Lit.

Die nach den im ersten Teil erläuterten Fraktioniermethoden sowie Auswertungsverfahren und Fehlerbetrachtungen erzielten experimentellen Ergebnisse werden mitgeteilt und diskutiert. Die rel. Lösungsviskosität und die Verteilung der rel. Molekülmassen von ketten- und nichtkettenstabilisierten Polyacprolactamen wurden untersucht, und die physikalischen Eigenschaften von aus solchen PA-6-Granulaten hergestellten Seiden wurden ermittelt.

DK 678.674'524'420:66.095.27:[536.495:542.92]:541.128:542.951.92

Zimmermann, Heinz, und *Chu, Duy Dao*

Untersuchungen zur Kinetik des metallionenkatalysierten thermischen Abbaus von Polyäthylenterephthalat

Faserforsch. u. Textiltechnik **24** (1973) 11, S. 445–452. 9 Abb., 6 Tab. 11 Lit.

Die Kinetik der metallionenkatalysierten thermischen Spaltung von Polyäthylenterephthalat wurde in Modellreaktionen und an verschiedenen Polyesterproben in Abhängigkeit von der Temperatur, von Umesterungs- und Polykondensationskatalysatoren sowie den Aufbewahrungsbedingungen anhand der Carboxylgruppenzunahme untersucht. In stationärer Phase verläuft der thermische Abbau etwa doppelt so schnell wie bei einer unter Rühren aufbewahrten Schmelze. Der Chemismus der metallionenkatalysierten Esterspaltung wird diskutiert.

DK 678.5/.8:543.227.083.6:543.227.084

Otto, Claus, und *Ahlers, Klaus-Dieter*

Zum Bau eines Differentialthermoanalysengerätes

Faserforsch. u. Textiltechnik **24** (1973) 11, S. 465–469. 6 Abb., 1 Tab., 13 Lit.

Es wird ein Differentialthermoanalysengerät beschrieben, das zur Untersuchung hochpolymerer Stoffe entwickelt wurde. Das Gerät gestattet simultane Aufnahmen. Die Untersuchungen können unter Vakuum bzw. definierter Atmosphäre durchgeführt werden. Die bei chemischen Reaktionen entstehenden gasförmigen Zersetzungsprodukte lassen sich gaschromatographisch oder IR-spektrometrisch identifizieren.

DK 678.674'524'420:[678.02:66.095.3]:536.495:66.095.27:678.048

Woinova, Simeona, Angelova, Anna, Minčeva, Wesselina, und *Dimitrov, Dimčo*

Einwirkung verschiedener Stabilisatoren auf die Eigenschaften von Polyäthylenterephthalat

Faserforsch. u. Textiltechnik **24** (1973) 11, S. 452–455. 4 Abb., 2 Tab., 16 Lit.

Der Einfluß verschiedener Stabilisatoren wurde untersucht, die im Synthesevorgang von Polyäthylenterephthalat zugegeben werden zwecks Herstellung eines unverfärbten und thermostabilen Polymeren. Die Optimalkonzentration für jeden der verwendeten Stabilisatoren wurde bestimmt. Besonders gute Ergebnisse sind beim Einsatz von Kombinationen aus Stabilisatoren von den Phenol- und Phosphattypen zu verzeichnen.

Die Zeitschrift „Faserforschung und Textiltechnik" erscheint monatlich in Heften zu 48 Textseiten im Format A 4. Der Preis für das Einzelheft beträgt M 15,— (Sonderpreis für DDR M 9,—), für den Vierteljahrbezug M 45,— (Sonderpreis für DDR M 27,—), zuzügl. Bestellgeld. Die Berechnung erfolgt zu Beginn eines Vierteljahrs für 3 Hefte. Bestellungen aus dem Gebiet der Deutschen Demokratischen Republik an ein Postamt, eine Buchhandlung oder den Verlag, aus der Deutschen Bundesrepublik an eine Buchhandlung oder die Auslieferungsstelle Kunst und Wissen, Erich Bieber, 7 Stuttgart 1, Wilhelmstraße 4—6, aus dem Ausland an eine Importbuchhandlung, den Deutschen Buch-Export und -Import GmbH., 701 Leipzig, Postschließfach 276, oder den Akademie-Verlag GmbH., 108 Berlin, Leipziger Str. 3—4 (Fernruf: 220441; Telex-Nr. 0112020; Postscheckkonto 35021) erbeten. Bestellnummer dieses Heftes: 1014/24/11. Alleinige Anzeigenannahme DEWAG-WERBUNG, 1054 Berlin, Wilhelm-Pieck-Str. 49, und alle DEWAG-Betriebe in den Bezirksstädten der DDR. — Bestellungen in der UdSSR nehmen entgegen: Städtische Abteilungen von „SOJUZPECHATJ" bzw. Postämter und Postkontore.

Herausgeber und verantwortlich für den Inhalt: Prof. Dr. Dr. Erich Correns, Institut für Polymerenchemie der Akademie der Wissenschaften der DDR, 153 Teltow-Seehof, Fernruf: Teltow 4831; Prof. Dr.-Ing. habil. Wolfgang Bobeth, Institut für Technologie der Fasern der Akademie der Wissenschaften der DDR, 801 Dresden, Hohe Str. 6, Fernruf: 44721; Prof. Dr.-Ing. Hans Böhringer, 682 Rudolstadt; Prof. Dr. Hermann Klare, Prof. Dr. habil. Burkart Philipp und Dr. habil. Christian Ruscher, Institut für Polymerenchemie der Akademie der Wissenschaften der DDR, 153 Teltow-Seehof, Fernruf: Teltow 4831. Schriftleiter: Joachim Brämer und Dipl.-Chem. Ingeborg Ruscher, 153 Teltow-Seehof, Kantstr. 55. Verlag: Akademie-Verlag GmbH., 108 Berlin, Leipziger Straße 3—4. Satz und Druck: Druckhaus „Maxim Gorki", 74 Altenburg. — Veröffentlicht unter der Lizenznummer 1280 des Presseamtes beim Vorsitzenden des Ministerrates der Deutschen Demokratischen Republik.

Manuskriptsendungen sind an einen der Herausgeber oder die Schriftleitung zu richten. Für Inhalt und Form gelten die „Richtlinien für die Annahme und Abfassungen von Beiträgen", erhältlich von der Schriftleitung. Die Verfasser größerer wissenschaftlicher Arbeiten erhalten außer dem Honorar ein Heft und 50 Sonderdrucke ihrer Arbeit unentgeltlich. Nachdrucke sowie Übersetzungen in fremde Sprachen des Inhalts dieser Zeitschrift und deren Verbreitung — auch auszugsweise mit Quellenangabe — bedürfen der schriftlichen Vereinbarung mit dem Verlag.

Faserforschung und Textiltechnik

WISSENSCHAFTLICH-TECHNISCHE ZEITSCHRIFT FÜR DIE CHEMIEFASER- UND TEXTILINDUSTRIE

Band 24 November 1973 Heft 11

Wechselbeziehung zwischen chemischer Umsetzung und übermolekularer Struktur bei der Modifizierung von Polymeren[1])

Burkart Philipp

Akademie der Wissenschaften der DDR, Institut für Polymerenchemie in Teltow-Seehof

DK 678.5/.8—9:661.728:541.64/.68:678.011

Nach einer einleitenden Darlegung der Unterschiede zwischen homogenen und heterogenen Reaktionen an Polymeren und einer Systematik der Möglichkeiten einer gleichzeitigen Modifizierung von Primär- und Sekundärstruktur wird unter Betonung der Untersuchungen an Cellulose und ihren Derivaten ein Überblick über einige, den derzeitigen Erkenntnisstand auf diesem Gebiet charakterisierenden Ergebnisse gebracht.
Abschließend werden einige sich heute abzeichnende Trends für die weitere Bearbeitung der Zusammenhänge zwischen Struktur und chemischer Modifizierung von Polymeren behandelt.

Взаимосвязь между химическими превращениями и надмолекулярной структурой при модификации полимеров

Во введении излагаются различия между гомогенными и гетерогенными реакциями полимеров и в систематическом виде рассматриваются возможности одновременной модификации первичной и вторичной структур. В дальнейшем в виде обзора приводятся некоторые результаты, характерные для современного уровня знаний в этой области, причем преимущественно рассматриваются вопросы, связанные с исследованием целлюлозы и ее производных. В заключение обсуждаются некоторые тенденции намечающегося дальнейшего исследования взаимосвязи между структурой и химической модификацией полимеров.

Relationships between chemical Reactions and Supramolecular Structure in Modification Processes of Polymers

An introducing description of the differences between homogeneous and heterogeneous reactions with polymers and a systematic survey of the possibilities of simultaneous modification of primary and secondary structures is followed by some results reflecting the present knowledge in this field, considering particulary the investigations with cellulose and its derivatives. Finally, some trends to future investigations of the relationships between structure and chemical modification of polymers are discussed.

1. Einleitung und Zielsetzung

Die vergangenen zwei Jahrzehnte brachten durch zahlreiche grundlegende Arbeiten einen weitgehenden Ausbau der organischen Chemie an Makromolekülen, so daß wir heute die präparativen Möglichkeiten zur chemischen Modifizierung der Primärstruktur in vielen Fällen übersehen und zum Teil beherrschen. Auf Grund einer ständig wachsenden Zahl von Experimentalarbeiten verfügen wir auch über ein umfangreiches, allerdings zunächst auf jeweils ein spezielles Polymersystem bezogenes Faktenmaterial hinsichtlich der Gemeinsamkeiten und der Besonderheiten in Kinetik und Mechanismus solcher Umsetzungen gegenüber dem niedermolekularen Modellsystem. Als Beispiele seien erwähnt der Einfluß einer speziellen sterischen Anordnung, etwa der Taktizität von Vinylestern auf die Geschwindigkeit ihrer Hydolyse [1], oder die Wirkung von Nachbargruppen auf den Verlauf von Xanthogenierung und Dexanthogenierung von Cellulose und Polyvinylalkohol [2] oder aber die Kombination sterischer mit Nachbargruppeneffekten bei den u. a. von *Overberger* u. a. bearbeiteten Esterolasemodellen auf Basis von Vinylcopolymeren [3]. Bei all diesen Untersuchungen zur chemischen Modifizierung organischer Polymerer im homogenen System wird zunächst die Vorstellung des isolierten Einzelmoleküls definierter Primärstruktur zugrunde gelegt und die Wechselwirkung zwischen verschiedenen Polymerketten bzw. weiter voneinander entfernten Kettensegmenten in erster Näherung vernachlässigt. Ein Übergang zu dichteren Polymersystemen, oft verbunden mit einem heterogenen Reaktionsverlauf, erhöht die Anzahl der variierbaren Reaktionsparameter beträchtlich, kompliziert aber den kinetischen Verlauf solcher Umsetzungen durch deren Überlagerung mit Transportvorgängen und schafft Voraussetzungen für zusätzliche Folgereaktionen, z. B. der Vernetzung. Die Einbeziehung der übermolekularen Struktur erhöht damit die Zahl der polymerkonstruktiven Möglichkeiten und die Variationsbreite der Produktionseigenschaften nach einer polymerchemischen Modifizierung recht erheblich.

Im folgenden Überblick soll dargelegt werden, welchen Einfluß die übermolekulare und morphologische Struktur eines Polymeren auf den Ablauf chemischer Umsetzungen am Polymeren hat und wie sich gleichzeitig diese Sekundärstruktur bei solchen Umsetzungen verändert. Als konkrete Einzelbeispiele werden dabei vorzugsweise neuere, an Cellulose und ihren Derivaten erhaltenen Ergebnisse herangezogen, um damit gleichzeitig zu zeigen, wie heute das Wissensgebiet der Cellulosechemie zum Erkenntnisfortschritt in der Polymerforschung beiträgt (vgl. [4]). Ausgehend von diesem heute erreichten Erkenntnisstand, soll anschließend versucht werden, einige künftige Möglichkeiten einer solchen komplexen Modifizierung von Primär- und Sekundärstruktur sowohl für die Entwicklung von Polymerwerkstoffen als auch für an Polymerstrukturen ablaufende Prozesse der Stofftrennung und Stoffwandlung abzuschätzen.

[1]) Vortrag, gehalten zur Tagung „Progress and Future of Macromolekules Science“ vom 15. bis 17. Mai 1973 in Strbske Pleso/ČSSR, veranstaltet vom Institut für Polymere der ČSAW, dem Institut für Makromolekulare Chemie der ČSAW, Problemkommission Hochmolekulare Verbindungen der Akademien sozialistischer Länder, CNRS Strasbourg.

2. *Systematik der Möglichkeiten einer gleichzeitigen Modifizierung von Primär- und Sekundärstruktur von Polymeren*

Ausgehend von vorgegebenen Polymerketten, sind stark schematisiert, folgende Möglichkeiten in Betracht zu ziehen:

a) Umsetzung in konzentrierter Lösung oder als Gel unter Erhaltung eines homogenen Systems,
b) Bildung von Fällungsstrukturen aus Polymerlösungen unter gleichzeitiger chemischer Umsetzung an den Kettenmolekülen,
c) Weitgehende oder vollständige Zerstörung der übermolekularen Ordnung durch Quellung bzw. Lösung während der chemischen Umsetzung,
d) Erhaltung eines heterogenen Systems während der Umsetzung, meist verbunden mit Änderungen der übermolekularen Struktur.

Die unter a) und b) aufgeführten Möglichkeiten stellen eine eigenständige Thematik dar und sollen hier nur kurz erwähnt werden. Ein Beispiel für a) sind die kürzlich von *Vollmert* u. a. [5] veröffentlichten Ergebnisse zur Verteilung der Querbrücken nach Vernetzung von Polymeren in konzentrierter Lösung und die daraus gezogenen Schlußfolgerungen zu der noch offenen Frage der gegenseitigen Durchdringung der Kettenknäuel in konzentrierten Polymerlösungen. Wissenschaftlich und technisch am besten untersuchtes Beispiel für die Möglichkeit b) ist die unter Abspaltung der Xanthogenatgruppen vor sich gehende Faden- oder Flächenbildung im technischen Viskoseprozeß, wobei vor allem auf die Arbeiten von *Klare* u. Mitarb. [6] hingewiesen sei, aus denen hervorgeht, in welch weiten Grenzen über die bei der Regeneratcellulosebildung ablaufenden Transportvorgänge und chemischen Umsetzungen die Morphologie wie auch die mechanischen Eigenschaften der dabei erhaltenen Cellulosestrukturen variiert werden können. Schwerpunkt dieses Vortrages ist die Möglichkeit d), z. T. in Verbindung mit c), wobei von der chemischen Modifizierung als analytischem Hilfsmittel der Strukturaufklärung ausgegangen wird, dann einige Aspekte präparativer und technologischer Art behandelt und schließlich eine Reihe noch offener Fragen zu Mechanismus und Kinetik heterogener Umsetzungen an Polymeren aufgeworfen werden.

3. *Überblick über einige den derzeitigen Erkenntnisstand charakterisierende Ergebnisse*

3.1. *Chemische Modifizierung als analytisches Hilfsmittel der Strukturauflösung*

Präparative Untersuchungen zu heterogenen Umsetzungen der Cellulose führten relativ früh zu der Erkenntnis, daß der unter bestimmten Bedingungen erreichbare Umsetzungsgrad wie auch die Umsetzungsgeschwindigkeit, beispielsweise bei einer Acetylierung, stark vom übermolekularen und morphologischen Bau des Ausgangsmaterials abhängen. Es lag daher nahe, solche Kenngrößen chemischer Umsetzungen zunächst mit den am gleichen Präparat erhaltenen physikalischen Strukturparametern zu korrelieren und schließlich unmittelbar zu Aussagen über strukturelle Unterschiede zwischen verschiedenen Cellulosepräparaten heranzuziehen, wobei solche Überlegungen vor allem in den letzten zehn Jahren auch auf andere Biopolymere wie auch synthetische Polymere, z. B. Polyamide und Polyäthylen, ausgedehnt wurden. Hierbei zeichnen sich heute im wesentlichen vier Richtungen ab:

a) Auf Basis des klassischen Zweiphasen-Modells (Bild 1) wird eine Korrelation zwischen unter bestimmten Bedingungen erreichtem Umsetzungsgrad bzw. der Umsetzungsgeschwindigkeit und dem geordneten bzw. dem ungeordneten Anteil der Polymerstruktur vorgenommen, wobei als klassische Beispiele aus der Cellulosechemie genannt seien: die Methoden der Hydrolyse bzw. Äthanolyse zur Bestimmung des geordneten Anteils und des D_2O-Austauschs mit OH-Gruppen im Glucosering bzw. die Wasserdampfsorption als Methoden zur Ermittlung des ungeordneten Anteils der Cellulosestruktur. Die Weiterentwicklung dieser für Routinezwecke nach wie vor viel genutzten Methodik geht vor allem in Richtung einer sinnvollen Übertragung auch auf andere Polymere.

Bild 1. Fransenmicellenstruktur der Cellulose nach *J. W. S. Hearle* (J. Polymer Sci., C: Polymer Symposia (1967) 20, S. 216)

b) Ausgehend von der Vorstellung eines kontinuierlichen Verteilungsspektrums der lateralen Ordnung (Bild 2) nach *Marchessault* und *Howsmon* [7], wurden für Cellulose eine ganze Reihe sogenannter Accessibilitätsmethoden entwickelt, bei denen die durch stufenweise Erhöhung der Reagenzkonzentration oder der Reaktionstemperatur erzielbare Zunahme des Umsetzungsgrades bestimmt und nach Auswertung in Form einer integralen oder differenziellen Verteilungskurve als Abbildung des Ordnungsspektrums betrachtet wird. Eigene Arbeiten zur Anwendung einer derartigen Methode, nämlich der stufenweisen Auflösung der Cellulose bei Erhöhung der NaOH-Konzentration in einer Emulsionsxanthogenierung, ergaben die Möglichkeit der Auswertung einer solchen Accessibilitätsfraktionierung mit Hilfe der bisher ausschließlich für Fraktionierungen der rel. Molekülmassen benutzten *Tung*-Funktion [11].

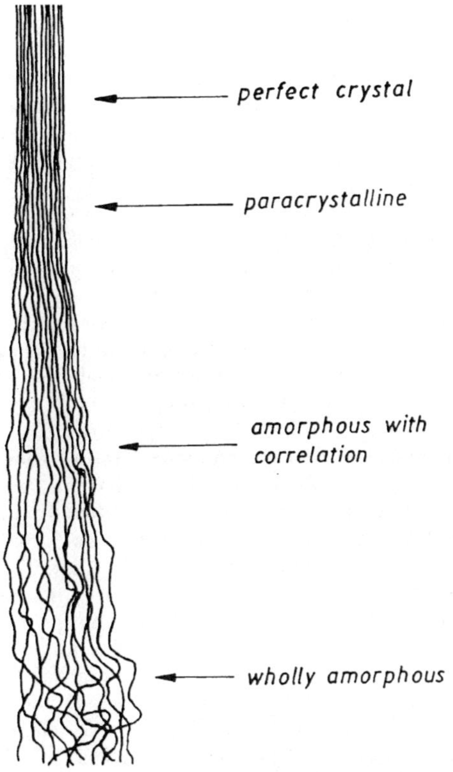

Bild 2. Laterale molekulare Ordnung von Polymeren nach *J. W. S. Hearle* (J. Polymer Sci., C: Polymer Symposia (1967) 20, S. 224)

Eine prinzipielle Grenze für die Aussagefähigkeit solcher Accessibilitätsmethoden liegt in der Verzerrung des Ordnungsspektrums durch die chemische Umsetzung selbst, so daß sie grundsätzlich nur als Relativmethode zu werten sind, die allerdings auch feinere, z. B. durch eine Voraktivierung hervorgerufene Strukturunterschiede zwischen ähnlichen Präparaten zu erfassen gestatten.

c) Wesentliche Aussagen ermöglichen gezielt angesetzte chemische Umsetzungen zu Form und Größe geordneter Strukturbereiche in Polymeren. Durch Umsetzungen, die zu einer hydrolytischen oder oxydativen Spaltung der Polymerkette bzw. zur Destruktion ganzer Kettenteile führen, lassen sich im submikroskopischen Bereich selektiv ungeordnete Polymeranteile entfernen bzw. unter starker innerer Spannung stehende Kettenabschnitte erfassen. In Verbindung mit physikalischen Untersuchungsmethoden wurde so die gezielte Oxydation mit HNO_3 zur Präzisierung eines Faltungsmodells für Polyäthylen herangezogen (z. B. [9, 10, 11]). Untersuchungen zum heterogenen hydrolytischen Abbau der Cellulose könnten für die Zukunft bei der Klärung des noch offenen Problems „Kettenfaltung oder gereckte Kette" vielleicht eine Rolle spielen. Hingewiesen sei in diesem Zusammenhang auch auf die Möglichkeiten, die eine selektive Abtragung ungeordneter Anteile, beispielsweise durch eine Ionenätzung mit hochfrequenzaktiviertem Sauerstoff für die morphologische Untersuchung größerer geordneter Struktureinheiten, etwa im Bereich der Elektronenmikroskopie, bietet [12].

Ein weiterer Ausbau dieser Methodik auch unter Berücksichtigung chemischer Gesichtspunkte dürfte interessant sein im Hinblick auf die wachsende Bedeutung solcher morphologischer Untersuchungen für eine Optimierung der Polymerverformung aus der Schmelze und für die Aufstellung von Struktureigenschaftskorrelationen bei Polymermischungen [13].

d) Methodisch aussichtsreich für die Aufstellung von Korrelationsbeziehungen zwischen Polymerstruktur und makroskopischen physikalischen Eigenschaften des Polymerfestkörpers erscheinen uns Messungen des Deformationsverhaltens bei definierter Beanspruchung nach oder während einer strukturverändernden chemischen Modifizierung, wobei hier auf Arbeiten von *Platé* [14] zum mechanischen Verhalten chlorierten Kautschuks, auf Untersuchungen von *Davis* und *Rooney* [15] zur Änderung des Elastizitätsmoduls von Polycarbonat in Gegenwart von SO_2 und auf unsere eigenen Ergebnisse zur Längenänderung von Cellulosefäden unter Belastung in dem mit den Hydroxylgruppen der Cellulose reagierenden Lösungsmittel EWNN hingewiesen sei [16].

3.2. Präparative und technologische Aspekte heterogener Umsetzungen an Polymerketten

Für die unter weitgehender Erhaltung der Rückgratkette an den Hydroxylgruppen der Cellulose ablaufenden Substitutionsreaktionen der Verätherung und Veresterung ist seit langem bekannt, daß in den wenig geordneten Bereichen der Faserstruktur die Umsetzung rascher und vollständiger erfolgt. Die Übertragbarkeit dieser Vorstellung auf andere Polymerklassen wird beispielsweise durch den bei der strahlungsinduzierten Sulfochlorierung von Polyäthylen gefundenen linearen Zusammenhang zwischen röntgenografisch ermittelter „Kristallinität" und der Anzahl der unter bestimmten Reaktionsbedingungen eingebauten SO_2Cl-Gruppen bestätigt [17]. Die einschlägigen Arbeiten auf dem Cellulosegebiet verfolgten in den vergangenen zwei Jahrzehnten einmal das Ziel, über eine Bestimmung der Substituentenverteilung vertiefte analytische Aussagen über den Verlauf solcher Heterogenreaktionen in Abhängigkeit von Ausgangsstruktur und Reaktionsmedium und im Hinblick auf eine dadurch bedingte unterschiedliche Beeinflussung der Verarbeitungs- und Produkteigenschaften zu gewinnen. Sie waren zum anderen gekennzeichnet von dem Bemühen, durch eine entsprechende Vorbehandlung des Ausgangsmaterials über eine damit verbundene Beeinflussung der übermolekularen Struktur die Gleichmäßigkeit oder Ungleichmäßigkeit der Substituentenverteilung in der gewünschten Richtung zu steuern, wobei zumeist eine möglichst starke Vergleichmäßigung angestrebt wird. Als Beispiel für die erste Arbeitsrichtung sei auf eigene Arbeiten an Cellulosexanthogenaten zurückgegriffen, die sich mit der Verteilung der Xanthogenatgruppen innerhalb des Glucoserings, längs der einzelnen Ketten und schließlich zwischen den Celluloseketten befassen (Bild 3). Bereits die Substituentenverteilung innerhalb des einzelnen Glucoseringes wird hier durch den Grad der Heterogenität der Reaktionsführung wesentlich beeinflußt, indem bei homogener Reaktionsführung die primäre Hydroxylgruppe am C_6 wesentlich rascher

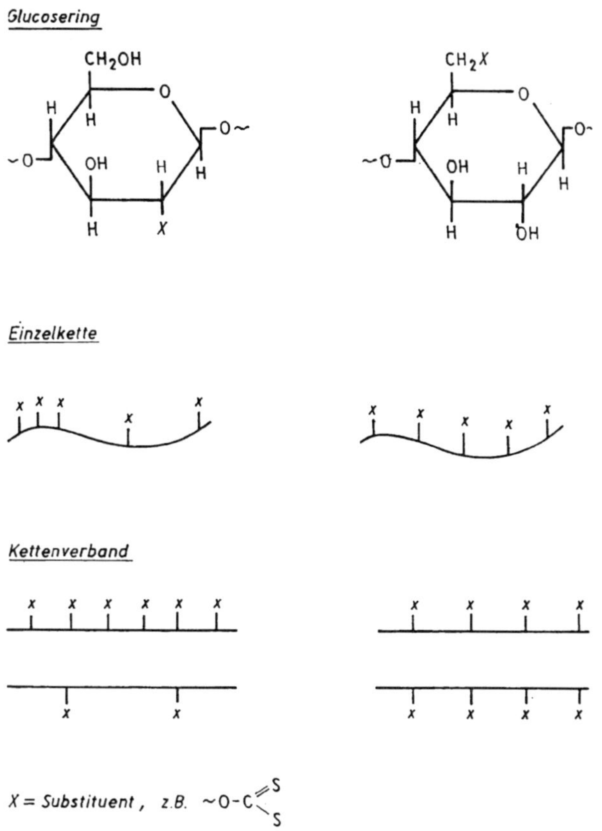

Bild 3. Möglichkeiten einer unterschiedlichen Substituentenverteilung bei Cellulose

reagiert, während bei einer heterogenen Xanthogenierung hochgeordneten Cellulosematerials bevorzugt eine Substitution in C_2- oder C_3-Stellung, also an den sekundären Hydroxylgruppen, erfolgt, verursacht durch eine weitgehende Blockierung der C_6-Hydroxylgruppen über inter- und intramolekulare Wasserstoffbrücken [18]. Zur analytischen Erfassung einer unterschiedlichen Verteilung der Substituenten längs der einzelnen Cellulosekette bewährte sich eine Kombination von Fraktionierung und Stufenhydrolyse nach vorheriger Umsetzung der Xanthogenatgruppen zu einem stabilen Derivat. Mit dieser Methodik wurde gezeigt, daß nicht nur die Xanthogenierbedingungen, sondern auch das Ausgangsmaterial die Verteilung längs der einzelnen Kette beeinflußt und diese beispielsweise bei Xanthogenaten aus Sulfitzellstoffen gleichmäßiger ist als bei solchen aus Sulfatzellstoffen [19]. Eine ähnliche Kombination von Stufenhydrolyse und Fraktionierung wurde kürzlich von *Rowland* und *Roberts* [20] auf niedrigsubstituierte Diäthylaminoäthylcellulosen angewandt, wobei die Autoren zwischen zwei verschiedenen Arten zugänglicher Bereiche in der Faserstruktur unterscheiden konnten.

Eine Quellungsvorbehandlung des Cellulosematerials zur Erhöhung der Accessibilität und damit des Umsetzungsgrades wie auch zur Vergleichmäßigung der Substituentenverteilung wird bei der Acetylierung der Cellulose im technischen Maßstab durchgeführt. Eine solche Aktivierung kann sich auf die Lösung einzelner intermolekularer H-Brücken in den wenig geordneten Bereichen und auf eine bessere Zugänglichmachung des Mikroporensystems beschränken, wenn beispielsweise Wasser als Quellmittel dient, sie kann aber auch, etwa im Falle von Ammoniak oder niederen aliphatischen Aminen, die hochgeordneten Bereiche mit erfassen und dort eine starke Ordnungsverringerung, eine sogenannte Dekristallisation [21], und gleichzeitig einen sehr starken Anstieg der Umsetzungsgeschwindigkeit bzw. des erreichbaren Substitutionsgrades bei nachfolgenden Umsetzungen hervorrufen. Eine vorangehende derartige Dekristallisation führt auch bei solchen Umsetzungen zu einer Erhöhung der Geschwindigkeit bzw. des Umsetzungsgrades, die selbst unter erheblicher Quellung verlaufen, wie zum Beispiel die Alkalicellulosebildung, die Xanthogenierung oder die Carboxymethylierung, wobei gleichzeitig durch eine solche Voraktivierung vorher vorhandene Einflüsse der Cellulosestruktur weitgehend nivelliert werden und der Erfolg einer solchen Aktivierung wesentlich vom Modus der Entfernung des Aktivierungsmittels bzw. einer Zwischentrocknung abhängt [22, 23].

Im Gegensatz zu den hier nur anhand weniger Beispiele umrissenen, sehr vielfältigen und gründlichen Untersuchungen an Cellulose liegen für andere Polymere verhältnismäßig wenig Angaben zum Einfluß der übermolekularen Struktur auf den Ablauf chemischer Umsetzungen vor, obwohl Fragen der chemischen Umsetzung an der Polymerkette gerade bei faserbildenden Polymeren von zahlreichen Autoren bearbeitet wurden (z. B. [24]). Verständlicherweise steht bei diesen Publikationen zumeist die erzielte Änderung von Werkstoffeigenschaften, beispielsweise der Anfärbbarkeit einer Faser, im Vordergrund, und man begnügt sich hinsichtlich des Struktureinflusses meist mit der summarischen Feststellung, daß die Umsetzung überwiegend in den wenig geordneten Bereichen abläuft und der erreichte Umsatzgrad weit hinter dem errechneten zurückbleibt.

Strukturelle Gesichtspunkte wurden lediglich bei Oxydation und Chlorierung von Polyolefinen im Zusammenhang mit der Kettenfaltung intensiver bearbeitet und in diesem Zusammenhang beispielsweise gezeigt, daß sowohl die Chlorierung als auch die Oxydation eines isotaktischen Poly-4-methylpentens bevorzugt in den Faltungsbögen abläuft, indem bei der zum Kettenbruch führenden Oxydation eine Verringerung der Aktivierungsenergie durch die innere Spannung dieser Rückgratkette im Faltungsbogen stattfindet, während bei der Chlorierung vorzugsweise die aus der normalen kristallinen Packung herausragenden Seitengruppen in den Faltungsbögen angegriffen werden [25].

Umfangreiches Versuchsmaterial zur Wechselbeziehung zwischen übermolekularer Struktur und Reaktionsablauf liegt für solche Umsetzungen vor, die unter Veränderung der Rückgratkette verlaufen, also für Abbauvorgänge, Pfropfungen und Vernetzungen, wobei allerdings auch hier wieder die Cellulose bisher besonderes Interesse fand. Der Einfluß der Ausgangsstruktur wie auch einer strukturverändernden thermischen Vorbehandlung auf die Geschwindigkeit eines thermischen oder thermooxydativen Abbaus wurde von verschiedenen Autoren eingehend untersucht (z. B. [26, 27]), wobei unabhängig von der angewandten recht unterschiedlichen Methodik für dekristallisierte Cellulose ein besonders rascher, für überwiegend aus hochgeordneten Bereichen bestehende mikrokristalline Cellulose dagegen ein besonders langsamer Abbau beobachtet wurde, also eine deutliche Abhängigkeit vom Ordnungsgrad des Ausgangsmaterials besteht. Nach eigenen Untersuchungen läßt sich die Geschwindigkeitskonstante der thermischen Kettenspaltung unter trockenem Stickstoff bei 170 °C allein durch Variieren der übermolekularen Struktur der Cellulose im Verhältnis 1:20 verändern [25]. Die seit langem bekannte, viel höhere Spaltungsgeschwindigkeit der Glucosidbindungen der Cellulosekette in Bereichen niedriger lateraler Ordnung bei einer heterogenen Hydrolyse mit verdünnten Säuren fand bereits technische Anwendung zur Herstellung sogenannter „mikrokristalliner" Cellulose (z. B. [29]), indem nach Kettenabbau bis zum sogenannten „level-off-DP" und einer damit verbundenen Herauslösung wenig geordneter Anteile der Ausgangsstruktur eine Verlängerung der Hydrolysedauer die Menge und den DP des Hydrolyserückstandes kaum noch ändert und dieser dann als Cellulosepulver mit hoher lateraler Ordnung der Einzelpartikel isoliert werden kann. Über eine Anwendung des gleichen Prinzips einer heterogenen Hydrolyse zur Herauslösung ungeordneter Anteile aus kristallinem Polyäthylenterephthalat wurde kürzlich von *Miyagi* und *Wunderlich* [30] berichtet.

Im Zusammenhang mit Abbauvorgängen sei noch auf zwei Arbeiten an synthetischen Polymeren hingewiesen, die vielleicht neue Aspekte für die Betrachtung der Abbauproblematik eröffnen: Nach Ergebnissen von *Czerny* [31] verläuft der thermooxydative wie der fotooxydative Abbau von isotaktischem Polypropylen wesentlich rascher, wenn das Fadenmaterial unter einer entsprechenden Zugspannung steht, die Bindungen in der Kette, also zusätzlich mechanisch beansprucht werden. Für einige Polymere, vor allem Polystyrol und Polypropylen, wurde von *McNeil* und *Mohamed* [32] eine sehr ausgeprägte Zunahme der thermischen Stabilität gefunden, wenn das Material in Form extrem dünner Schichten bis zur durchschnittlich 100 Å Dicke vorlag.

Auch bei einer Strahlungspfropfung der Cellulose setzt die Reaktion erwartungsgemäß bevorzugt in den wenig geordneten Bereichen ein, einmal auf Grund der vorhandenen höheren Konzentration an freien Radikalen [33], zum anderen wegen des erleichterten Antransportes des Monomeren an den Reaktionsort. Es ist daher einleuchtend, daß eine Erhöhung der Pfropfausbeute sowohl durch eine Vorquellung in Wasser oder anderen polaren Medien [34] als auch durch Übergang von einer Struktur hohen mittleren Ordnungsgrades wie Baumwolle zu einer Ausgangsstruktur schlechterer Ordnung wie einer Viskoseseide erfolgt. Auch der beobachtete Rückgang der Ausbeute bei der Strahlenpfropfung von Methylmethacrylat auf Polypropylenfasern beim Übergang von einer ungereckten zu einer stark gereckten Probe [35] fügt sich in dieses Gesamtbild ein. Daß allerdings die Vorstellung einer Zunahme der Pfropfausbeute durch Accessibilitätserhöhung nicht beliebig auf den Bereich größerer morphologischer Struktureinheiten erweitert werden darf, zeigen neuere Ergebnisse zur Strahlenpfropfung von Styrol auf Holzzellstoffe nach unterschiedlicher Mahlung [36], wobei mit zunehmendem Mahlgrad ein starkes Absinken der Pfropfausbeute beobachtet und durch eine unterschiedliche Änderung von Monomerentransport und Radikalabbruchgeschwindigkeit plausibel erklärt wurde. Meist wird eine polymerchemische Modifizierung nicht nur durch die Ausgangsstruktur des Präparats beeinflußt, sondern führt rückkoppelnd selbst zu Veränderungen in der übermolekularen Struktur des Grundpolymeren. Dies ist der Fall bei einfachen Substitutionen [14] und bei Abbauvorgängen [37], ebenso wie bei Pfropfungen und Vernetzungen. So können hochgeordnete Strukturbereiche der Cellulose als Matrix für die Orientierung der Pfropfketten von Polyacrylnitril und PVC wirken [38]. Das gleiche wurde für Polyamid bei der Pfropfung mit Acrylnitril aus der Dampfphase beobachtet [39], während nach Behandlung mit dem Monomeren in flüssiger Phase eher eine Desorientierung der Grundketten angenommen wird. Besonders deutlich zeigt sich diese strukturverändernde Wirkung heterogener chemischer Umsetzungen bei Vernetzungsprozessen, z. B. durch Fixierung bestimmter Quellungszustände von Baumwolle bei deren Vernetzung in unterschiedlich gequollenem Zustand, wobei hier natürlich mit steigendem Vernetzungsgrad eine Differenzierung der eingetretenen Veränderungen nach Primär- und Sekundärstruktur immer problematischer wird.

4. Offene Probleme und sich abzeichnende neue Richtungen bei der gemeinsamen Modifizierung von Primär- und Sekundärstruktur organischer Polymerer

Wie die hier dargelegten, aus der neueren Literatur subjektiv ausgewählten Beispiele gezeigt haben, verfügen wir heute über ein umfangreiches Faktenmaterial zur Wechselbeziehung zwischen dem Verlauf heterogener Umsetzungen an Polymeren und deren übermolekularer Struktur, wobei sich dieses Faktenmaterial allerdings auf verhältnismäßig wenige Polymerklassen, ganz überwiegend auf die Cellulose und ihre Derivate, konzentriert. Wir sind auch in der Lage, diese Erkenntnisse für technische Prozesse, etwa der Cellulosederivatherstellung oder der Veredelung von Baumwolle, zu nutzen Wir sind aber noch weit entfernt von einem vollen Verständnis des Mechanismus solcher Umsetzungen und von einer quantitativen Systematik. Eine wesentliche Ursache dafür ist das gleichzeitige Wirksamwerden von Strukturbereichen unterschiedlicher Größenordnung. Als ein zweites ungelöstes Problem muß die Gesamtfrage der Medieneinflüsse bei heterogenen Umsetzungen an Polymeren genannt werden. Hier liegt heute noch zu wenig systematisches Versuchsmaterial vor, um zwischen Reaktivitätsänderungen an den einzelnen funktionellen Gruppen und Accessibilitätsänderungen, d. h. Veränderungen der Struktur durch Quellung, sauber zu trennen. Vor allem fehlen vielfach Modelluntersuchungen unter homogenen Bedingungen an den entsprechenden Oligomeren, und erst in letzter Zeit zeichnet sich eine gewisse Systematisierung der die Quellung von Cellulose bestimmenden Faktoren ab [40].

Es ist daher verständlich, daß wir mit der quantitativen Beschreibung bzw. gar der vollständigen Modellierung heterogener Reaktionsabläufe an Polymeren noch recht am Anfang stehen. Für eine größere Anzahl von Cellulosereaktionen und für wenige Umsetzungen an synthetischen Polymeren liegt eine formale mathematische Beschreibung im Sinne einer Linearisierung der Zeitumsatzkurve vor, wobei die Art des als geeignet befundenen Ansatzes zugleich gewisse Rückschlüsse zuläßt, ob die Umsetzung überwiegend reaktions- oder diffusionskontrolliert ist. So ließ sich bei eigenen Untersuchungen zur Xanthogenatreaktion der Cellulose die Bildung und Zersetzung des Xanthogenats nach den Gesetzen der Homogenkinetik beschreiben [41]. Es ist also offensichtlich die Umsetzungsgeschwindigkeit an den Hydroxylgruppen bei dieser in einem sehr stark gequollenen Zustand der Cellulose ablaufenden Reaktion maßgebend. In anderen Fällen, nämlich bei der Alkalisierung [42] und der Nitrierung [43] der Cellulose, konnte von uns gezeigt werden, daß hier das Fortschreiten der Quellung den erreichten Umsetzungsgrad bestimmt, entsprechend einem Zeitgesetz [44]

$$\frac{dQ}{dt} = k(Q_\infty - Q_t)^2;$$

Q_t = Quellungsgrad nach Zeit t,
Q_∞ = Gleichgewichtswert der Quellung.

Zur formalen Erfassung diffusionsbestimmter Reaktionen wird heute vielfach nach wie vor entweder die bekannte $\sqrt{t}$ - Beziehung oder die empirische *Sakurada*-Gleichung $x = kt^n$ herangezogen, letztere beispielsweise von *Reinisch* und *Ulrich* [45] bei der Untersuchung der Reaktion von Polycaprolactam mit Formaldehyd. Neben diesen auf bekannte Ansätze der Heterogenkinetik zurückgreifenden Beziehungen stehen mehr oder weniger empirisch aufgestellte Relationen zur formalen Beschreibung einer bestimmten Umsetzung in einem begrenzten Temperatur- und Konzentrationsbereich, wobei als Beispiel eine kürzlich erschienene Arbeit [46] zur Reaktionskinetik der Hypochloritbleiche von Zellstoffen genannt sei. Unter Annahme bestimmter Randbedingungen für den Diffusionsvorgang wurden für verschiedene heterogene Reaktionen mathematische Modelle mit einer Koppelung von Diffusions- und Reaktionsschritt aufgestellt [47] und zur interpolatorischen Vorausberechnung des Einflusses einer Variation verschiedener Eingangsgrößen auf den Prozeßablauf benutzt, so z. B. ein kinetisches Modell der Zellstoffbleiche [48] oder eine Modellierung der Acetylierungsreaktion der Cellulose durch *Sorokin* und *Butenskij* [49]. Mechanistische Modelle auf Grundlage der einzelnen Teilschritte der Reaktion und verbunden mit einer physikalischen Interpretation der darin enthaltenen Konstanten fehlen auch für die gut untersuchten Heterogenreaktionen der Cellulose heute noch weitgehend. Eine interessante Ausnahme bildet hier die kürzlich vorgenommene Modellierung der Umsetzung von Cellulosefasern mit Formaldehyd [50]. Diese Arbeit läßt auch deutlich die Richtung für weitere Fortschritte auf dem Gebiet der Heterogenkinetik von Polymerreaktionen erkennen, nämlich die Auftrennung des Gesamtprozesses in überschaubare Teilprozesse, die getrennt experimentell untersucht werden, um dann durch Zusammenfassung der dabei erhaltenen Ergebnisse ein Gesamtmodell aufzubauen Wesentliche Bedeutung dürfte dabei Modellversuchen

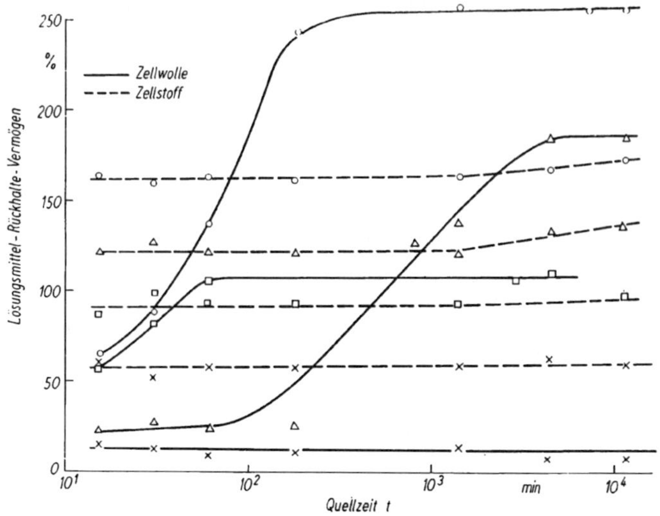

Bild 4. Lösungsmittelrückhaltevermögen von Zellstoff und Zellwolle nach verschiedenen Quellzeiten.
o Äthanolamin □ Formamid
△ DMSO × DMF

an Oligomeren in homogenen Medien wie auch einer separaten Untersuchung der Quellungskinetik in den verschiedensten potentiellen Reaktionsmedien zukommen. In diesem Zusammenhang seien eigene Arbeiten zum zeitlichen Verlauf der Quellung von Cellulose unterschiedlicher Ausgangsstruktur in verschiedenen organischen Flüssigkeiten erwähnt, bei denen der in Bild 4 schematisch dargestellte S-förmige Quellungsverlauf quantitativ erfaßt und die dabei erhaltenen Kenngrößen mit der Struktur des Cellulosepräparats einerseits, dem Molvolumen und den Löslichkeitsparametern des Quellmittels andererseits in Beziehung gesetzt wurden [51].

Stellt man nach Darlegung einiger offener, in ihrer Aufgabenstellung bereits klar formulierbarer Probleme abschließend die Frage nach sich abzeichnenden Trends für die weitere Bearbeitung der Zusammenhänge zwischen Struktur und chemischer Modifizierung bei Polymeren, so erscheint es zweckmäßig, hierbei weniger die statischen makroskopischen Eigenschaften eines Produkts als vielmehr die an Polymeren möglichen Prozesse in den Mittelpunkt zu stellen. Hiervon ausgehend, lassen sich auf Basis der bisher veröffentlichten Arbeiten folgende Richtungen erkennen:

a) Untersuchungen von Heterogenreaktionen an Polymeren bei gleichzeitiger mechanischer Beanspruchung, wobei u. a. in Betracht zu ziehen sind: Arbeiten zu Kinetik und Mechanismus chemischer Umsetzungen bei der Verarbeitung von Polymeren, z. B. beim Orientierungsrecken [52, 53], Untersuchung der chemischen Vorgänge beim Reiß- oder Bruchprozeß sowie die Beeinflussung von Umsetzungs- oder Abbaugeschwindigkeiten durch ein intensives Scheren [54] oder Dehnen, letzteres vor allem im Hinblick auf Alterungs- und Abbauvorgänge unter Belastung (z. B. Hydrolyse von Polymerketten unter Spannung).
b) Arbeiten zur Matrizenwirkung vorhandener Polymerstrukturen bei Kettenaufbauprozessen, auf die be-

reits im Zusammenhang mit heterogenen Pfropfreaktionen kurz eingegangen wurde und für die hier als Beispiele aufgeführt seien die Arbeiten von *Kabanov* zur Schwarmpolymerisation [55], die von *Platé* [14] unter Verwendung makromolekularer Metallkomplexinitiatoren erhaltenen Ergebnisse sowie die kürzlich beschriebene Einpolymerisation von Vinylmonomeren in die vorgegebene Struktur eines Polyurethanschaumstoffs [56].

c) Die aus einigen Publikationen erkennbaren Ansätze für eine Energieleitung und eine Energiewandlung mit Hilfe von Heterogenreaktionen an Polymeren, wobei einmal auf die schon klassischen Arbeiten von *Kuhn* zum sogenanten pH-Muskel [57], andererseits auf eine kürzlich erschienene Arbeit zur elektrischen Ladungstrennung während der Vernetzung von Duromeren [58] hingewiesen sei. Erwähnt seien in diesem Zusammenhang auch die elektrischen Eigenschaften von Komplexen und Einlagerungsverbindungen mit mindestens einer Polymerkomponente, wie sie z. B. durch Einlagerung von Jod in Polyamid 6 [59] erhalten wurden, oder auch die kürzlich von *Smets* [60] beschriebenen Fotochromieerscheinungen in Polymerfestkörpern.

5. *Schlußbemerkungen*

Diese Ausführungen sollten zeigen, wie eines der ältesten Arbeitsgebiete der Polymerforschung, nämlich die Untersuchung heterogener Umsetzungen der Cellulose, auch nach jahrzehntelanger intensiver und erfolgreicher Bearbeitung noch zahlreiche offene Probleme in sich birgt. Die Lösung solcher Probleme kommt dabei unmittelbar einer zweckmäßigen Nutzung der Cellulose als dem auch heute noch mengenmäßig an erster Stelle stehenden organischen Polymeren zugute und läßt gleichzeitig Anregungen und Impulse für andere Gebiete der Polymerforschung erwarten, so beispielsweise für das Gebiet der Membranforschung oder die gesamte Problematik des heterogenen Abbaus von Polymeren, d. h. der Inhibierung dieses Abbaus während der Nutzung einer Polymerstruktur und vielleicht auch der Förderung und Beschleunigung eines solchen Abbaus für eine sinnvolle Wiederverwendung von Polymerabfällen. Anliegen dieses Vortrags war es gleichzeitig, an einem aktuellen Beispiel darzulegen, wie eng verflochten heute Chemie und Physik der Polymeren sind.

Herrn Dr. habil. *Ch. Ruscher* sei an dieser Stelle für eine Reihe kritischer Hinweise gedankt, ebenso Frau Dipl.-Chem. *B. Lukanoff* für die Unterstützung bei der redaktionellen Bearbeitung.

Literatur

[1] *Sakurada, I.:* Einige Aspekte von Polymerreaktionen. Pure appl. Chem. **16** (1968) 2/3, S. 263—283.

[2] *Dautzenberg, H.*, und *Philipp, B.:* Untersuchungen zur Xanthogenatbildung und -zersetzung bei Polyvinylalkohol. Faserforsch. u. Textiltechnik **22** (1971) S. 229 bis 235.

[3] *Overberger, C. G.*, und *Maki, H.:* Esterolytic catalyses by copolymers containing imidazole and carboxyl functions. Cooperative effects involved in esterolytic reactions catalyzed by imidazole—carboxylic acid copolymers. Macromolecules, Washington **3** (1970) S. 214—220, 220—223.

[4] *Philipp, B.:* Stand und Entwicklungsrichtungen der Celluloseforschung. Mitt. Bl. Chem. Ges. DDR **19** (1972) 8, S. 177—186.

[5] *Vollmert, B.*, *Stutz, H.*, und *Stemper, J.:* Über das Deformationsverhalten von nur intermolekular vernetzten Gelen und Kautschuken, ein Beitrag zur Struktur von nicht-kristallinen Polymeren. Angew. makromol. Chemie, Basel **25** (1972) S. 187—191.

[6] *Klare, H.*, und *Gröbe, A.:* Untersuchung über die Bildung von Celluloseregeneratfäden aus Viskose. Faserforsch. u. Textiltechnik **6** (1955) 3, S. 97—105; 2. Mitteilung **8** (1957) 9, S. 348—354.
— Beiträge zur Frage des Bildungsmechanismus von Celluloseregeneratfäden. Mber. DAdW, Berlin **1** (1959) 7/10, S. 573—581.
— Untersuchung zur Frage der Fadenbildung aus Viskoselösungen. Faserforsch. u. Textiltechnik **10** (1959) 4, S. 155—158.

[7] *Marchessault, R. H.*, und *Howsmon, J. A.:* Experimental evaluation of the lateral-order distribution in cellulose. Textile Res. J. **27** (1957) S. 30—41.

[8] *Schleicher, H.*, *Daniels, C.*, und *Philipp, B.:* Zum Einfluß einer Aktivierung von Cellulose mit Ammoniak auf deren anschließende Alkalisierung und Xanthogenierung. Faserforsch. u. Textiltechnik **24** (1973) 9, S. 371—376.

[9] *Schönfeld, A.*, *Wilke, W.*, *Höhne, G.*, und *Hosemann, R.:* Kristallitgröße und Gitterstörungen in Polyäthylen und deren Änderung beim Nitrieren. Kolloid-Z. u. Z. Polymere **250** (1972) 2, S. 102—110.

[10] *Palmer, R. P.*, und *Cobbold, A. J.:* The texture of melt crystallised polyethylene as revealed by selective oxidation. Makromol. Chemie **74** (1964) S. 174—189.

[11] *Priest, D. J.:* Fold surface of polyethylene single crystals as assessed by selective degradation I. Ozone degradation method. J. Polymer Sci., A-2: Polymer Physics **9** (1971) 10, S. 1777—1791.

[12] *Aldrian, A.*, u. a.: Eine Apparatur zur Anwendung von Hochfrequenzen und Gleichspannungsgasentladungen. Radex-Rdsch. (1967) 2, S. 510—512.

[13] *Dietl, J. J.:* Elektronenmikroskopische Untersuchungen an sauerstoffgeätzten Kunststoffen. Kunststoffe **59** (1969) S. 792—798.

[14] *Platé, N. A.:* Die Rolle struktur-chemischer Effekte bei der Modifizierung von Polymeren. Vysokomol. Soed. (Hochmol. Verbind.) Serie A **10** (1968) 12, S. 2650 bis 2661.

[15] *Davis, E. G.*, und *Rooney, M. L.:* Rigidity of polycarbonate in the presence of SO_2. J. Polymer Sci., A-2: Polymer Physics **10** (1972) 12, S. 2325—2331.

[16] *Hampe, K.-H.*, *Philipp, B.*, und *Baudisch, J.:* Vergleichende Untersuchungen zum Quell- und Löseverlauf von Cellulosefasern in verschiedenen Medien. Teil I: Übersicht über die experimentellen Ergebnisse. Faserforsch. u. Textiltechnik **23** (1972) 10, S. 425—434. Teil II: Zusammenfassende Diskussion der Ergebnisse. Faserforsch. u. Textiltechnik **24** (1973) 3, S. 113—119.

[17] *Konishi, K.*, *Yamaguchi, K.*, und *Takehisa, M.:* Radiation-induced sulfoxidation and sulfochlorination of powdery polyethylene produced by radiation process. J. appl. Polymer Sci. **15** (1971) S. 257—266.

[18] *Philipp, B.*, und *Liu, K.-T.:* Zur Substituentenverteilung in Cellulosefaserxanthogenaten und Viskosen. Faserforsch. u. Textiltechnik **10** (1959) S. 555—562.

[19] *Schleicher, H.*, und *Philipp, B.:* Untersuchungen zum Einfluß von Tensiden auf die chemischen Umsetzungen im Viskoseprozeß. 2. Mitt.: Untersuchungen zum Verlauf der Sulfidierung. Faserforsch. u. Textiltechnik **19** (1968) S. 350—354.

[20] *Rowland, S. P.*, und *Roberts, E. J.:* The nature of accessible surfaces in the microstructure of cotton cellulose. J. Polymer Sci., A-1: Polymer Chem. **10** (1972) 8, S. 2447—2461.
Vgl. *Roberts, E. J.*, *Bose, J. L.*, und *Rowland, S. P.:* Evidence for two types of accessible surfaces in fibrous cotton. Textile Res. J. **42** (1972) 4, S. 217—221.

[21] *Klenkova, N. I.:* Umsetzung von Cellulose mit Aminen als aussichtsreicher Weg für die Aktivierung der Cellulose und die Steigerung ihrer Reaktivität bei den Prozessen zur Herstellung der verschiedenen Derivate.

Ž. prikl. Chimii (Z. angew. Chemie) **40** (1967) 10, S. 2191 bis 2208.

[22] *Koura, A., Schleicher, H.*, und *Philipp, B.*: Untersuchungen zur Quellung und Lösung von Cellulose in aminhaltigen Flüssigkeitsgemischen. 6. Mitt.: Zur Strukturveränderung von Cellulose durch Amine und Aminlösungen. Faserforsch. u. Textiltechnik **24** (1973) 5, S. 187–194.

[23] *Daniels, C.*: Diplomarbeit TH Magdeburg 1973. Vgl. auch: *Schleicher, H., Daniels, C.*, und *Philipp, B.*: Zum Einfluß einer Aktivierung von Cellulose mit Ammoniak auf deren anschließende Alkalisierung und Xanthogenierung. Faserforsch. u. Textiltechnik **24** (1973) 9, S. 371–376.

[24] *Kudravcev, G. J.*: Gesetzmäßigkeiten von Reaktionen in Polymerketten und chemische Modifizierung von Faserstoffen. Chim. Volokna (Chem. Fasern) **2** (1972) 1, S. 4–14; dt. in: Sowj. Beitr. Faserforsch. Textiltechnik **9** (1972) S. 178–206.

[25] *Bassett, D. C.*: On the chemistry of polymer chain folds. Polymer, London **5** (1964) S. 457–462.

[26] *Mc Carter, R. J.*: The pyrolysis of cellulose at rates approaching those in burning. Textile Res. J. **42** (1972) 12, S. 709–719.

[27] *Košik, M., Luzáková, V.*, und *Reiser, V.*: Study on the thermal destruction of cellulose and its derivates. Cellulose Chem. Technology, Jassy/Rum. **6** (1972) 5, S. 589–597.

[28] *Philipp, B., Baudisch, J.*, und *Stöhr, W.*: Zum Einfluß einiger chemischer Faktoren auf den thermischen Abbau der Cellulose. Cellulose Chem. Technology, Jassy/Rum. **6** (1972) S. 379–392.

[29] *Battista, O. A.*: Microcrystalline Cellulose. (Cellulose and Cellulose Derivates, Part V, *Bikales* and *Segal*). New York: Wiley Interscience 1971, S. 1265–1276.

[30] *Miyagi, A.*, und *Wunderlich, B.*: Etching of crystalline polyethylene terephthalate by hydrolysis. J. Polymer Sci., A-2: Polymer Physics **10** (1972) S. 2073–2083.

[31] *Czerny, J.*: Thermooxidation and photooxidation aging of polypropylen under simultanious tensile stress. J. appl. Polymer Sci. **16** (1972) S. 2623–2632.

[32] *Mc Neill, I. C.*, und *Mohammed, M. A. J.*: Thermal degradation of polystyrene and other polymers in the form of ultra-thin films. European Polymer J. **8** (1972) S. 975–990.

[33] *Hinojosa, O.*, u. a.: ESR-study of γ-irradiated cellulose I and II with NH_3, H_2O, and NaOH-solutions. J. Polymer Sci., C: Polymer Symposia (1972) 37, S. 27–46.

[34] *Yasukawa, T., Yasunori, S.*, und *Murakami, K.*: Solvents effects on the grafting reactions of styrene onto cellulose acetate. Macromol. Chemie **153** (1972) S. 323–326.

[35] *Geleji, F., Druzsbaczky, G.*, und *Benkö, E.*: Modifizierung der Fasereigenschaften durch Pfropfung. Chem. Vlakna, Svit (Chem. Fasern) **12** (1972) S. 103–108.

[36] *Radi, F. S.*, u. a.: Radiation grafting of vinyl monomers onto wood pulp cellulose. J. appl. Polymer Sci. **16** (1972) S. 2685–2695.

[37] *Döhler, W., Baudisch, J., Philipp, B.*, und *Ruscher, Ch.*: Chemische und strukturelle Änderungen beim thermischen Abbau verschiedenartig hergestellter Zellwollproben. Cellulose Chem. Technology, Jassy/Rum. **5** (1971) S. 215–224.

[38] *Rogovin, Z. A.*: Several problems in the synthesis of graft copolymers of cellulose and in investigating their properties. J. Polymer Sci., C: Polymer Symposia (1972) 37, S. 221–237.

[39] *Bouillon, G.*: Modifizierungsreaktionen an Polyamidfäden — eine Literaturübersicht. Teil II. Faserforsch. u. Textiltechnik **22** (1971) S. 34–41.

[40] *Philipp, B., Schleicher, H.*, und *Wagenknecht, W.*: Zum zeitlichen Verlauf der Quellung von Celluloseregeneratfäden und -folien in organischen Flüssigkeiten. Faserforsch. u. Textiltechnik **24** (1973) S. 106–112.

[41] *Philipp, B.*: Relations between the chemical composition of alkalicellulose and the kinetics of fibre xanthation. Svensk Papperstidn. **60** (1957) S. 88–91.

[42] *Philipp, B.*: Ein Beitrag zur Kinetik der Natroncellulosebildung. Faserforsch. u. Textiltechnik **6** (1955) S. 180–181.

Philipp, B., Lehmann, R., und *Ruscher, Ch.*: Zum Einfluß des Cellulosematerials auf den Verlauf der Alkalicellulosebildung. Faserforsch. u. Textiltechnik **10** (1959) S. 22–35.

[43] *Philipp, B.*: Untersuchungen zum Einfluß des Cellulosematerials auf den zeitlichen Verlauf der Cellulosenitratbildung. Faserforsch. u. Textiltechnik **9** (1958) S. 520–526.

[44] *Schwabe, K.*, und *Philipp, B.*: Zur Kinetik von Dampfsorption, Quellung und Flüssigkeitsaufsaugung der Cellulose. Holzforschung **8** (1954) S. 1–12.

[45] *Reinisch, G.*, und *Ulrich, H. H.*: Zur Reaktion von Polycaprolactam mit Formaldehyd. III. Faserforsch. u. Textiltechnik **21** (1970) S. 232–236.

[46] *Valeva, S., Valtcheva, E.*, und *Valtchev, V.*: Reaction kinetics in hypochlorite bleaching. Svensk Papperstidn. **75** (1972) S. 865–867.

[47] *Rys, P.*: Das Zusammenwirken von Diffusion und chemischer Reaktion beim Färben und Veredeln von Textilien. Lenzinger Ber., Lenzing/Österr. **34** (1972) S. 23–32.

[48] *Edwards, L., Hovsenius, G.*, und *Norrström, H.*: Bleaching kinetics, a general model. Svensk Papperstidn. **76** (1973) S. 123–126.

[49] *Sorokin, E. S.*, und *Bytenskij, V. Ja.*: Untersuchung des Acetylierungsmechanismus der Cellulose. Ž. prikl. Chimii (Z. angew. Chemie) **43** (1970) 4, S. 923–924. *Bytenskij, V. Ja., Kuznecova, E. P.*, und *Klenkova, N. I.*: Studium des heterogenen Prozesses der Celluloseacetylierung. Ž. prikl. Chimii (Z. angew. Chemie) **39** (1966) 1, S. 185–193.

[50] *Annen, O., Rouette, H. K., Rys, P.*, und *Zollinger, H.*: Quellung, Diffusion und chemische Reaktion im Vernetzungssystem Formaldehyd — Cellulose I. Geschwindigkeitsbestimmende Schritte von Vernetzungsvorgängen. Textilveredlung, Weinfelden/Schweiz **7** (1972) 8, S. 528–540.

[51] *Philipp, B., Schleicher, H.*, und *Wagenknecht, W.*: The influence of cellulose structure on the swelling of cellulose in organic liquids. J. Polymer Sci. (im Druck).

[52] *Veljev, S. I., Korsukov, V. E.*, und *Vettegren, V. I.*: Mechanochemische Umwandlungen in Polymeren beim Orientierungsrecken. Mech. Polimerov, Riga (Mech. d. Polymeren) **3** (1971) S. 387–390.

[53] *Gafurov, O. G.*: Der molekulare Mechanismus der Festigkeitserhöhung kristalliner Polymerer bei der Orientierung. Lenzinger Ber., Lenzing/Österr. **33** (1972) S. 208–213.

[54] *Komissarov, S. A.*, und *Barambojm, M. K.*: Mechanische Aktivierung polymeranaloger Umwandlungen von Polyacrylnitril. Vysokomol. Soed. (Hochmol. Verbind.), Serie B: Kratkie Soobšč. (Kurzmitt.) **11** (1969) S. 805 bis 807.

[55] *Kabanov, V. A., Kargina, O. V.*, und *Petrovskaja, V. A.*: Über den Mechanismus der Synthese von Polymeres/Polymeres-Salzkomplexen auf einer Matrize. Vysokomol. Soed. (Hochmol. Verbind.) Serie A **13** (1971) S. 348–366.

[56] *Wagner, K.*, und *Dahm, M.*: Wachstumsvorgänge durch Reaktionen in quellfähigen zellulären Matrizen. Angew. Chemie **84** (1972) 21, S. 1001–1008.

[57] *Kuhn, W.*: Prinzip der Erzeugung mechanischer Energie durch makromolekulare Systeme. Makromol. Chemie **35** (1960) S. 200–221. *Kuhn, W., Ramel, A., Walters, D. H., Ebner, G.*, und *Kuhn, H. J.*: Die Erzeugung mechanischer Energie aus verschiedenen Formen chemischer Energie in homogenen und verflochtenen Hochpolymerensystemen. Fortschr. Hochpolymeren-Forsch. **1** (1960) 4, S. 540–592.

[58] *Eyerer, P.*: Elektrische Ladungstrennung während der Vernetzung von Duromeren (Costa-Ribheiro Effekt). J. appl. Polymer Sci. **16** (1972) S. 2461–2483 (dt).

[59] *Dechant, J.*: Ultrarotspektroskopische Untersuchungen an Polymeren. Berlin: Akademie-Verlag 1972, S. 370, 375.

[60] *Smets, G.*: Chemische Isomerisierung und Kettensegmentbeweglichkeit. Internationales IUPAC-Symposium über Makromoleküle vom 2. bis 7. Juli 1972 in Helsinki.

Eingegangen am 13. Juni 1973

Untersuchungen zur Kinetik des metallionenkatalysierten thermischen Abbaus von Polyäthylenterephthalat

Heinz Zimmermann und Dao duy Chu[1])

Akademie der Wissenschaften der DDR, Institut für Polymerenchemie in Teltow-Seehof

DK 678.674'524'420:66.095.27:[536.495:542.92]:541.128: 542.951.92

Die Kinetik der metallionenkatalysierten thermischen Spaltung von Polyäthylenterephthalat wurde in Modellreaktionen und an verschiedenen Polyesterproben in Abhängigkeit von der Temperatur, von Umesterungs- und Polykondensationskatalysatoren sowie den Aufbewahrungsbedingungen anhand der Carboxylgruppenzunahme untersucht. In stationärer Phase verläuft der thermische Abbau etwa doppelt so schnell wie bei einer unter Rühren aufbewahrten Schmelze. Der Chemismus der metallionenkatalysierten Esterspaltung wird diskutiert.

Исследование кинетики катализуемой ионами металлов термической деструкции полиэтилентерефталата

Кинетика катализуемой ионами металлов термической деструкции полиэтилентерефталата исследовалась при помощи реакций на модельных соединениях и для различных образцов полимера, причем путем установления повышения содержания карбоксильных групп изучалась зависимость от температуры, катализаторов переэтерификации и поликонденсации, а также условий хранения расплава. В стационарных условиях термическая деструкция протекает приблизительно в два раза быстрее, чем в расплаве, хранящемся при перемешивании. Обсуждается химизм катализуемой ионами металлов разрыва эфирной связи.

Investigations of the Kinetics of the Metal Ionic Catalysed Thermal Degradation of Polyethylene terephthalate

The kinetics of the metal ionic catalysed thermal dissociation of polyethylene terephthalate was examined in model reactions and on various polyester samples in dependence of the temperature, of the catalysts of ester interchange and polycondensation and of the storage conditions by measuring the increasing of carboxyl groups. In the stationary phase the thermal degradation passes nearly twice quickly as in a melt stored by stirring. The chemism of the metal ionic catalysed ester dissociation is discussed.

1. *Allgemeine Bemerkungen zur Problematik „Thermischer Abbau“*

Der Chemismus der wichtigsten Schritte des thermischen Abbaus von Polyäthylenterephthalat (PÄT) kann als weitgehend geklärt angesehen werden [1, 2, 3]. Bekannt ist auch der große Einfluß, den die Umesterungs- und Polykondensationskatalysatoren auf das Abbaugeschehen haben. Die in der Literatur zu findenden Angaben zur Kinetik des thermischen Abbaus hingegen geben kein einheitliches Bild.

Das liegt einmal daran, daß der unterschiedliche Einfluß der Katalysatoren nicht genügend berücksichtigt wurde, und zum anderen daran, daß die verschiedenen zur Verfolgung des Reaktionsverlaufs angewandten Methoden z. T. zu unterschiedlichen Ergebnissen führen müssen.

Die Geschwindigkeit des Abbaus wurde bestimmt

aus der Veränderung der Lösungs- bzw. Schmelzviskosität des PÄT,
aus der Veränderung der Endgruppenkonzentration,
anhand der Menge von isolierbaren Abbauprodukten (gasförmige Produkte, Acetaldehyd).

In der Tabelle 1 ist eine Reihe von Werten für die Reaktionsgeschwindigkeitskonstante und die Aktivierungsenergie zusammengestellt, die mit Hilfe dieser Methoden gewonnen wurden. Übereinstimmend wird angenommen, daß der thermische Abbau des PÄT nach dem Geschwindigkeitsgesetz einer Reaktion erster Ordnung verläuft. In den unterschiedlichen Zahlenwerten, die auch bei gleicher Untersuchungsmethode auftreten, kann die Substanzspezifität in der Anfälligkeit der jeweiligen zur Messung eingesetzten Polyesterprobe (verschiedene, nicht genannte Katalysatoren) gegenüber thermischen Abbaureaktionen zum Ausdruck kommen, andererseits werden sie aber auch von den unterschiedlichen Versuchsbedingungen geprägt sein. Ein Teil der Versuche wurde in verschlossenen Ampullen durchgeführt, andere im offenen System, mit und ohne Rühren. Die Ampullenversuche sind sicher nicht unbedingt repräsentativ für den tatsächlichen PÄT-Abbau, da die Polyesterherstellung nicht in einem geschlossenen System erfolgt. *Goodings* [1] konnte außerdem nachweisen, daß das Rühren der Polyesterschmelze einen starken Einfluß auf die meßbaren Auswirkungen des thermischen Abbaus hat. So fand er die Geschwindigkeitskonstante der Acetaldehydentwicklung in einer nicht gerührten PÄT-Schmelze bei 282°C zu $0{,}2 \cdot 10^{-3}\,h^{-1}$, bei Rühren demgegenüber zu $1{,}7 \cdot 10^{-3}\,h^{-1}$. Über den Einfluß hinaus, den die unterschiedliche experimentelle Versuchsführung bei Anwendung einer bestimmten Methode haben kann, erhebt sich aber noch die

Tabelle 1. Literaturangaben zur Reaktionsgeschwindigkeitskonstante k und Aktivierungsenergie E_A des thermischen Abbaus von PÄT

Geschwindigkeit des Abbaus bestimmt aus Veränderung der:	k $10^{-3} \cdot h^{-1}$	T °C	E_A kcal · mol^{-1}	Lit.
Lösungsviskosität	2,2	283	32	4
	5,4	301		4
	1,3	282	62,3	1
	4,8	306		1
	1,4	282		5
			47	3
			31,3	6
Schmelzviskosität	1,7	282		1
			32	4
[Σ Endgruppen]	1,2	282	58,7	1
[—COOH]	3,5	282	41,7	1
	4,9	306		1
[—OH]	2,4	282		1

[1]) Vgl. auch Dissertation *Dao duy Chu*, Akademie der Wissenschaften der DDR, Berlin 1973.

Frage, ob es überhaupt sinnvoll ist, Geschwindigkeitskonstanten und Aktivierungsenergien miteinander zu vergleichen, die aus ganz unterschiedlichen Meßgrößen errechnet wurden. Der „thermische Abbau" ist ein komplexes Reaktionsgeschehen. Die oben angeführten Wege, die zur Verfolgung des Abbaus eingeschlagen werden können, zielen auf die Bestimmung des Folgeproduktes eines — nicht immer des gleichen — Abbauschrittes, sei es als Endgruppe am Polyester fixiert oder sei es ein flüchtiges Produkt, oder aber auf die Bestimmung der als Summe der verschiedenen Reaktionen auch außen in Erscheinung tretenden Viskositätsänderung.

Eine Zunahme des Carboxylgruppengehaltes, Ausdruck und Folge der thermischen Kettenspaltungen, muß nun aber gar nicht mit einer Viskositätsabnahme verbunden sein. Der Carboxylgruppengehalt des PÄT steigt bereits während des Polykondensationsprozesses laufend an.

Es erscheint daher am sinnvollsten, die Veränderung des Carboxylgruppengehaltes für kinetische Berechnungen zugrunde zu legen, da sie ein direktes Maß für die von den Katalysatoren beeinflußten thermischen Kettenspaltungen ist. Selbstverständlich ist die Viskositätsstabilität ein wichtiges Charakteristikum für die Beurteilung des thermischen Verhaltens eines Polyesters; die Viskositätsänderung ist jedoch eigentlich kein echtes Maß für den thermischen Abbau. Sie ist es nicht aus reaktionstheoretischen Gründen, weil sie das Ergebnis einer Summe von Aufbau- und Abbaureaktionen in der PÄT-Schmelze ist, und sie ist es letztlich nicht auch aus ganz praktischen Erwägungen, denn ein Polyester kann zu einem gegebenen Zeitpunkt trotz im Augenblick noch nicht sinkender Viskosität bereits so weit thermisch geschädigt sein, wie sein hoher Carboxylgruppengehalt ausweist, daß er wenig später einen sehr raschen Viskositätsabfall erleidet, wenn die laufend erfolgenden Kettenspaltungen nicht mehr kompensiert werden können.

2. *Metallionenkatalysierte thermische Spaltung von Äthylenglykoldibenzoat*

Da der Initialschritt des thermischen Abbaus von PÄT, von dem alle Folgereaktionen abhängen, in einer von den Katalysatoren in unterschiedlich starkem Maße beschleunigten Spaltung von Esterbindungen unter Bildung von Vinylester- und Carboxylgruppen besteht, wie sie in gleicher Weise auch bei Äthylenglykoldibenzoat unter Einwirkung der gleichen Katalysatoren eintritt [2], wurden zunächst kinetische Untersuchungen mit dieser für ein Segment der Polyesterkette charakteristischen Modellverbindung durchgeführt. Auf diese Weise kann der wichtigste Schritt des thermischen Abbaus isoliert und weitgehend unbeeinflußt von Folgereaktionen untersucht werden.

2.1. *Versuchsmethodik*

Die Versuche wurden in einer Glasapparatur durchgeführt, zu deren Heizung ein Metallbad diente. Da eine Probenahme in bestimmten Zeitabständen zur Verfolgung des Abbaugrades unter den gegebenen Bedingungen experimentell schwierig ist, wurden vier Abbaugefäße in das gleiche Heizbad gebracht und jeweils eine vorgegebene Zeit erhitzt. Bild 1 zeigt ein Schema der Abbauapparatur.

Für die Versuche wurden jeweils 8,1 g ($3 \cdot 10^{-2}$ mol) Äthylenglykoldibenzoat (DB), vermischt mit $1{,}5 \cdot 10^{-3}$ mol Katalysator/mol DB, eingesetzt. Die Temperaturkonstanz des Metallbades betrug $\pm 0{,}5$ grd.

Durch die Abbaugefäße wurde ein Stickstoffstrom von 5 l/h geleitet, der dem Schutz vor oxydativen Einwirkungen und dem Abtransport der flüchtigen Abbauprodukte diente. Die bei der thermischen Spaltung entstehende Benzoesäure und das Vinylbenzoat destillierten in den Aufsatz.

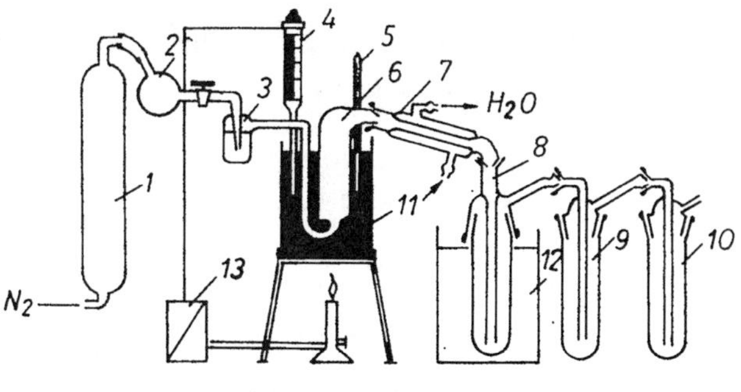

Bild 1. Abbauapparatur

1 N_2-Trockenrohr
2 Verteilerrohr für vier Abbaugefäße
3 Blasenzähler
4 Kontaktthermometer
5 Kontrollthermometer
6 Abbaugefäße
7 Kühler
8 Kühlfalle
9 Dinitrophenylhydrazinlösung
10 0,1 n NaOH
11 Metallbad
12 Eisbad
13 Gasrelais

Die Versuche wurden so geführt, daß möglichst wenig von diesen Produkten in das Abbaugefäß zurücktropfte, da sie sonst Anlaß zu Folgereaktionen geben. Vollständig ließen sich diese Reaktionen jedoch nicht vermeiden. Es handelt sich in erster Linie um die Rekombination der beiden Spaltprodukte zu Äthylidendibenzoat, das zu Benzoesäureanhydrid und Acetaldehyd zerfällt. Die Nebenreaktion tritt naturgemäß besonders bei sehr starkem Abbau in Erscheinung.

Zur Kontrolle wurde daher der Gasstrom, nachdem er eine Kühlfalle passiert hatte, durch eine Dinitrophenylhydrazin-Lösung (4%ig in 2 n HCl) geleitet, um den Acetaldehyd als Dinitrophenylhydrazin gravimetrisch bestimmen zu können. Als letztes wurde der Stickstoffstrom noch durch eine abgemessene Menge (50 ml) 0,1 n NaOH geleitet, um eventuell durch Decarboxylierung gebildetes CO_2 zu erfassen.

Nach Beendigung der Versuche in den einzelnen Abbaugefäßen wurden die im Abbaugefäß enthaltene Substanz sowie die in dem Destillationsaufsatz und der Kühlfalle befindlichen Spaltprodukte mit gereinigtem Aceton herausgelöst. In dieser Lösung wurde dann der Carboxylgruppengehalt mit 0,1 n NaOH titriert.

2.2. *Versuchsergebnisse*

Die thermische Spaltung des Äthylenglykoldibenzoates wurde in Gegenwart der als Umesterungs- und Polykondensationskatalysatoren häufig benutzten Metallderivate Antimonglykolat, Calciumacetat, Natriumgermanat, Mangan-, Kobalt- und Zinkacetat untersucht.

Wie bereits erwähnt, kann die Rekombination der bei der Spaltung gebildeten Benzoesäure und des Vinylbenzoates nicht vollständig verhindert werden. Das dabei entstehende Äthylidendibenzoat zerfällt zu Acetaldehyd und Benzoesäureanhydrid, das bei der Titration als 2 Äquivalente Carboxylgruppen erfaßt wird. Die Zahl der durch die Folgereaktion entstandenden Carbonylgruppen (etwa 10 bis 20 µÄqu/g DB) muß daher von der Carboxylgruppenzahl abgezogen werden, um den tatsächlichen Gehalt an Carboxylgruppen zu erhalten, der durch den primären Spaltungsschritt entstanden ist.

Die auf diese Weise korrigierte Carboxylgruppenzunahme ist in Bild 2 dargestellt. Die unterschiedliche

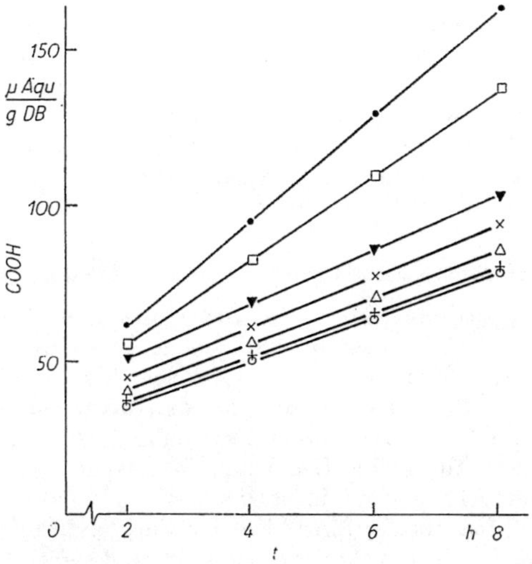

Bild 2. Einfluß von Metallderivaten auf die thermische Spaltung von Äthylenglykoldibenzoat bei 280 °C

× Na_2GeO_3 △ $Ca(CH_3COO)_2$
• $Zn(CH_3COO)_2$ + Sb-Glykolat
□ $Co(CH_3COO)_2$ ○ ohne Zusatz
▼ $Mn(CH_3COO)_2$

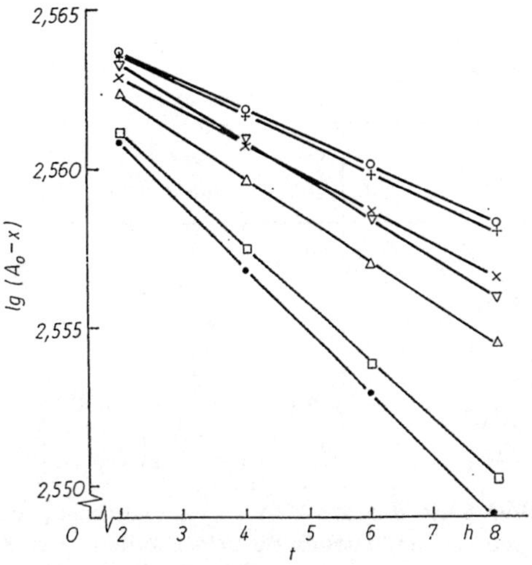

Bild 4. Einfluß von Metallderivaten auf die thermische Spaltung von Äthylenglykoldibenzoat bei 280 °C Auftragung der Meßdaten nach dem Gesetz einer Reaktion erster Ordnung

× DB ohne Zusatz, + Sb-Glykolat, ▽ $Ca(CH_3COO)_2$, • Na_2GeO_3, △ $Mn(CH_3COO)_2$, □ $Co(CH_3COO)_2$, ○ $Zn(CH_3COO)_2$

abbaukatalytische Aktivität der einzelnen Metallderivate kommt sehr deutlich zum Ausdruck.

Die Temperaturabhängigkeit der thermischen Spaltung des Äthylenglykoldibenzoats demonstriert Bild 3 am Beispiel der Carboxylgruppenbildung in Gegenwart von Zinkacetat.

Wir hatten bereits in einer früheren Arbeit [7] zeigen können, daß die in den Katalysator/Inhibitor-Systemen (z. B. Mn, Co oder Zn/Sb/Triphenylphosphat) angewandte Blockierung der katalytischen Aktivität der Metallsalzkatalysatoren durch Zusatz von Triphenylphosphat auch bei der thermischen Spaltung der Modellverbindung Äthylenglykoldibenzoat möglich ist. Aus dieser Tatsache konnte u. a. eine weitere Bestätigung dafür abgeleitet werden, daß es sich bei dem Chemismus der Stabilisatorwirkung der Phosphorsäureester um eine Blockierung der Metallionen handelt und nicht um eine Blockierung von Hydroxylendgruppen des PÄT.

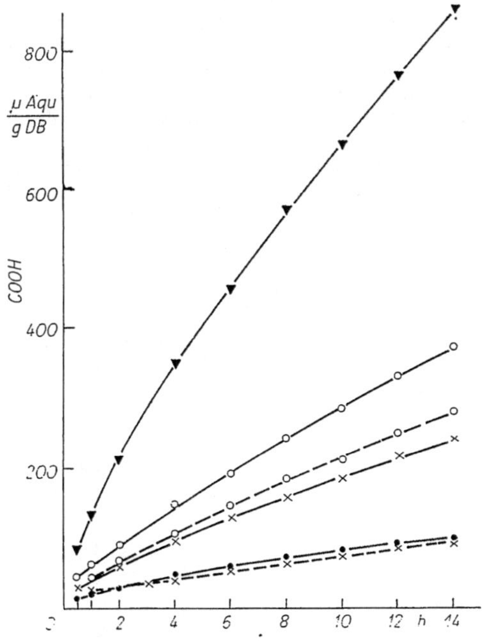

Bild 3. Temperaturabhängigkeit der thermischen Spaltung von Äthylenglykoldibenzoat in Gegenwart von $Zn(CH_3COO)_2$

• 260 °C, × 280 °C, ○ 300 °C, ▼ 320 °C
×– – – –× in Gegenwart von $Zn(CH_3COO)_2$ + TPPat
○– – – –○ in Gegenwart von $Zn(CH_3COO)_2$ + TPPat

Bei dieser Modellreaktion war der Zersetzungsgrad nur nach einer bestimmten Zeit gemessen worden.

Die im Bild 3 mit aufgetragenen Werte der Carboxylgruppenzunahme bei Versuchen in Gegenwart von Triphenylphosphat (TPPat) beweisen, daß die Katalysatorblockierung auch über einen längeren Zeitraum voll wirksam ist. Die abbaubeschleunigende Wirkung des Zinks bei 280 °C wird durch das TPPat vollständig unterbunden. Die Carboxylgruppenzunahme entspricht vollkommen der bei der thermischen Spaltung von katalysatorfreiem Äthylenglykoldibenzoat beobachteten.

2.3. *Kinetische Auswertung*

Die reaktionskinetische Auswertung der Meßergebnisse erfolgt nach der Formel

$$\ln \frac{A_0}{A_0 - x} = k \cdot t,$$

die aus dem allgemeinen Zeitgesetz einer Reaktion erster Ordnung abgeleitet wurde. A_0 ist die Zahl spaltbarer Esterbindungen, x die gemessene Carboxylgruppenzahl. Da die Versuchsführung so ausgelegt ist, daß die Spaltprodukte des Äthylenglykoldibenzoates, Benzoesäure und Vinylbenzoat aus dem Reaktionsgemisch entfernt werden, ist die Zahl der spaltbaren Esterbindungen gleich der Hälfte der im Äthylenglykoldibenzoat vorhandenen, d. h. 3704 µÄqu/g DB.

Tabelle 2. Reaktionsgeschwindigkeitskonstanten der thermischen Spaltung von Äthylenglykoldibenzoat in Abhängigkeit von als Umesterungskatalysatoren bei der PÄT-Herstellung verwendeten Metallderivaten

Katalysator	RGK k in $10^{-3}\,h^{-1}$			
	260 °C	280 °C	300 °C	320 °C
—	0,74	1,50	3,7	9,1
Sb-Glykolat		2,05		
$Ca(CH_3COO)_2$		2,30		
Na_2GeO_3		2,79		
$Mn(CH_3COO)_2$		2,92		
$Co(CH_3COO)_2$		3,91		
$Zn(CH_3COO)_2$	1,6	4,20	6,8	15,7
$Zn(CH_3COO)_2$ + TPPat		1,48	4,9	

Im Bild 4 ist der aus den bei Abbauversuchen bei 280 °C gemessenen Carboxylgruppenzahlen berechnete Wert log $(A_0 - x)$ in Abhängigkeit von der Versuchsdauer aufgetragen. Die graphische Darstellung zeigt, daß bei der Auswertung nach einem Geschwindigkeitsgesetz erster Ordnung die Meßwerte recht gut auf einer Geraden liegen.

Die auf diese Weise ermittelten Reaktionsgeschwindigkeitskonstanten der thermischen Spaltung der Äthylenglykoldibenzoate bei verschiedenen Temperaturen in Gegenwart von als Umesterungskatalysatoren verwendeten Metallderivaten sind in der Tabelle 2 zusammengestellt.

Ein Vergleich mit der Tabelle 1 läßt erkennen, daß die Zahlenwerte für k in der gleichen Größenordnung liegen wie für den thermischen Abbau von PÄT. Die Reihenfolge der katalytischen Aktivität der Metallderivate bei der thermischen Spaltung des Äthylenglykoldibenzoates entspricht ihrer Reihenfolge in der Beeinflussung der thermischen Stabilität des PÄT.

In der Literatur wird verschiedentlich angegeben, daß die thermische Beständigkeit des PÄT durch den Äthergehalt beeinträchtigt wird. Kommerzielles PÄT, das nach dem Umesterungsverfahren hergestellt wurde, enthält gewöhnlich etwa bis zu 2 mol% Diäthylenglykol, der Äthergehalt von nach dem Direktveresterungsprinzip hergestellten PAT ist zumeist höher. Diäthylenglykoldibenzoat ist das Modell eines Segmentes der Polyesterkette, das eine solche Ätherbindung enthält. Es wird thermisch zu Benzoesäure und Benzoesäure-2-vinyloxyäthylester gespalten; der Ester zerfällt dann weiter zu Acetaldehyd und Vinylbenzoat.

In der Tabelle 3 sind die aus den Carboxylgruppenzahlen von Abbauversuchen bei 280 °C berechneten Reaktionsgeschwindigkeitskonstanten der thermischen Spaltung des Äthylenglykoldibenzoates und des Diäthylenglykoldibenzoates gegenübergestellt. Die Zahlenwerte zeigen, daß die thermische Spaltung des Ätheresters in weit geringerem Maße durch den Katalysator beschleunigt wird als die des Äthylenglykolesters. Auf Grund dieses Ergebnisses der Modellreaktion war bereits zu vermuten, daß Ätherbindungen im PÄT dessen thermische Stabilität nicht vermindern.

Tabelle 3. Reaktionsgeschwindigkeitskonstanten der thermischen Spaltung von Äthylenglykoldibenzoat (DB) und Diäthylenglykoldibenzoat (DÄDB) bei 280 °C

Modellsubstanz	RGK k $10^{-3}\,h^{-1}$
DB	1,5
DÄDB	1,3
DB + $Zn(CH_3COO)_2$	4,2
DÄDB + $Zn(CH_3COO)_2$	1,9

3. *Thermischer Abbau von Polyäthylenterephthalat*

Zur Ermittlung kinetischer Daten des thermischen Abbaus von PÄT wurden verschiedene Versuchsreihen durchgeführt. Es ist bereits darauf hingewiesen worden, daß neben der Temperatur und den Katalysatoren auch das Rühren der Polyesterschmelze für das thermische Verhalten von Bedeutung ist. Daher wurden Abbauversuche sowohl in stationärer Phase als auch unter Rühren durchgeführt. Da eine Carboxylgruppenzunahme schon von Anfang der Polykondensation an zu beobachten ist, wurde außerdem nicht nur die Kinetik des thermischen Abbaus von Polyestergranulat nach dem Wiederaufschmelzen untersucht, sondern auch die Kinetik der Abbaureaktionen während der Polykondensationsphase unter Vakuum und beim anschließenden Aufbewahren der Schmelze unter Stickstoff.

3.1. *Versuchsbeschreibung*

Für die Untersuchung der Abbaureaktionen während der Polykondensation und beim Aufbewahren des geschmolzenen PÄT sowie für die Versuche mit wiederaufgeschmolzenem PÄT-Granulat unter Rühren wurde eine gläserne Laborkondensationsapparatur [8] mit Schneckenrührer benutzt. Zur Polykondensation wurde analysenreines Bis-(2-hydroxyäthyl)-terephthalat (BHT) (Carboxylgruppengehalt 1 bis 2 µÄqu/g BHT) eingesetzt, dem $3 \cdot 10^{-4}$ mol Katalysator/mol BHT zugesetzt wurden.

Die Polyesterproben wurden vor dem Aufschmelzen 24 h bei 140 °C im Vakuum und nach dem Einfüllen in die Abbauapparatur nochmals 4 h bei 140 °C unter N_2 getrocknet. Durch die Apparatur wurde während der Versuche ein Stickstoffstrom von 5 l/h geleitet. Zur Ermittlung der Carboxylgruppenzunahme wurden in bestimmten Zeitabständen Proben aus der Schmelze entnommen. Der Carboxylgruppengehalt der in Benzylalkohol gelösten Proben wurde titrimetrisch mit 0,1 n glykolischer NaOH bestimmt.

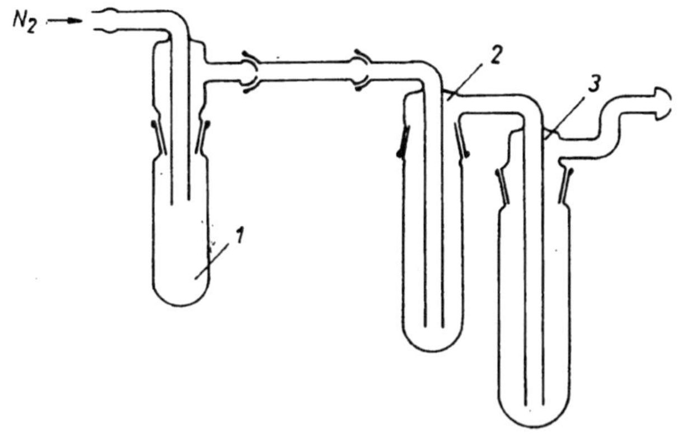

Bild 5. Versuchsapparatur für den PÄT-Abbau in stationärer Phase
1 Reaktionsgefäß
2 Kühlfalle
3 Waschgefäß

Für die Abbauversuche in stationärer Phase wurde die in Bild 5 skizzierte Apparatur verwendet. Zur Beheizung diente ein Metallbad. Proben wurden wie beschrieben vorbehandelt. Nach Abschluß der Versuche wurden die Abbaugefäße zerbrochen und der Carboxylgruppengehalt der PÄT-Proben und des gegebenenfalls in den Gefäßen befindlichen Sublimates bestimmt.

3.2. Versuchsergebnisse und kinetische Auswertung

In der Tabelle 4 sind die Meßergebnisse einer Reihe von Polykondensations-Abbauversuchen zusammengestellt. Die Auftragung dieser Meßdaten nach dem Zeitgesetz einer Reaktion erster Ordnung, wie sie in Bild 6 wiedergegeben ist, zeigt, daß die $\log (A_0 - x)$-Werte sehr gut der geforderten linearen Beziehung gehorchen. Die daraus berechnete Reaktionsgeschwindigkeitskonstante der thermischen Spaltung von PÄT ist in Gegenwart von Zinkacetat mit $k = 1{,}00 \cdot 10^{-3}\ \mathrm{h}^{-1}$ mehr als doppelt so groß wie in Gegenwart von Antimonglykolat ($k = 0{,}42 \cdot 10^{-3}\ \mathrm{h}^{-1}$). Bei Verwendung von Kaliumgermanat wurde $k = 0{,}65 \cdot 10^{-3}\ \mathrm{h}^{-1}$ errechnet.

Die Ergebnisse zeigen eindeutig, daß Kettenspaltungen nicht erst nach dem Erreichen eines bestimmten Polykondensationsgrades einsetzen, sondern von Anfang der Polykondensation an verlaufen und damit natürlich auch diese in Abhängigkeit von dem jeweiligen Katalysator in unterschiedlichem Maße mit beeinflussen.

Bei der Beschreibung der Modellreaktionen war bereits auf die Frage eines Zusammenhanges von Äthergehalt und thermischem Abbau eingegangen worden. Wir haben diese Problematik auch am PÄT selbst untersucht. Dazu wurde der Viskositätsverlauf und die Zunahme des Carboxylgruppengehaltes während der Polykondensation und beim Aufbewahren unter Stickstoff, ausgehend von Vorkondensaten mit unterschiedlichem Diglykolgehalt, verfolgt. Als Katalysator wurde Antimonglykolat verwendet. Aus den in Bild 7 dargestellten Meßergebnissen geht klar hervor, daß in dem untersuchten Konzentrationsbereich keine Abhängigkeit des thermischen Verhaltens vom Äthergehalt besteht; die Thermostabilität des PÄT wird nicht zusätzlich vermindert. Das steht in voller Übereinstimmung mit dem Ergebnis der Modellreaktionen mit Diäthylenglykoldibenzoat.

Tabelle 4. Zunahme der Carboxylgruppen in PÄT während der Polykondensation und beim Aufbewahren unter Stickstoff in Abhängigkeit vom verwendeten Katalysator
([COOH] in µÄqu/g PÄT)

Versuchsdauer h	Katalysator $Zn(CH_3COO)_2$ [COOH]	K_2GeO_3 [COOH]	Sb-Glykolat [COOH]
1 Vakuum	43	17	12
2 Vakuum	65	30	19
3 N_2	77	39	27
4 ,,	88	47	31
5 ,,	97	52	36
6 ,,	106	57	41
7 ,,	115	64	44

Wenn unter Versuchsbedingungen oder im technischen Maßstab ein stärkerer Abbau eines ätherhaltigen PÄT beobachtet wird, muß man daher vermuten, daß in diesen Fällen eine zusätzliche Einwirkung von Luftsauerstoff vorliegt und es sich um einen von dem Äthergehalt tatsächlich begünstigten thermooxydativen Abbau handelt [9].

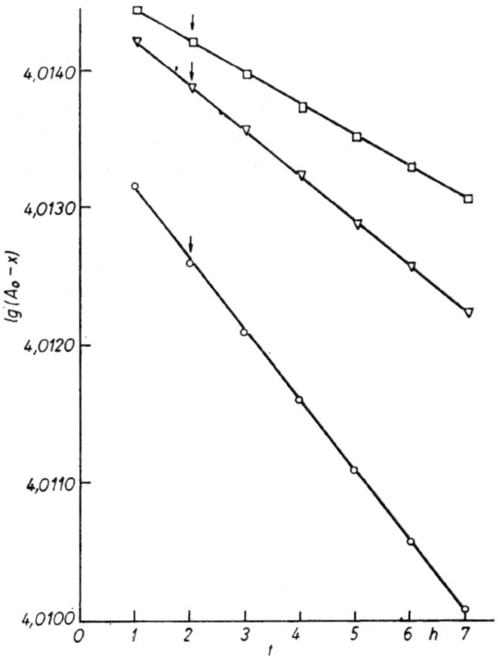

Bild 6. Carboxylgruppenzunahme von PÄT in Abhängigkeit von Katalysatoren bei 280 °C (↓N_2), aufgetragen nach dem Zeitgesetz einer Reaktion erster Ordnung
□ Sb-Glykolat; ▽ K_2GeO_3; ○ $Zn(CH_3COO)_2$

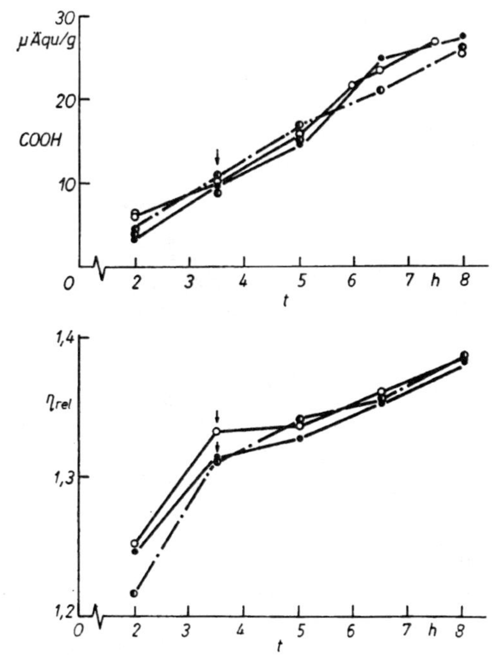

Bild 7. Carboxylgruppenzunahme und Viskositätsverlauf bei der Polykondensation und dem Aufbewahren von PÄT bei 280 °C (↓N_2) in Abhängigkeit vom Äthergehalt
○——○ 5 mol%, ◑·—·—◑ 2,5 mol%,
●——● 1,5 mol% Diäthylenglykol

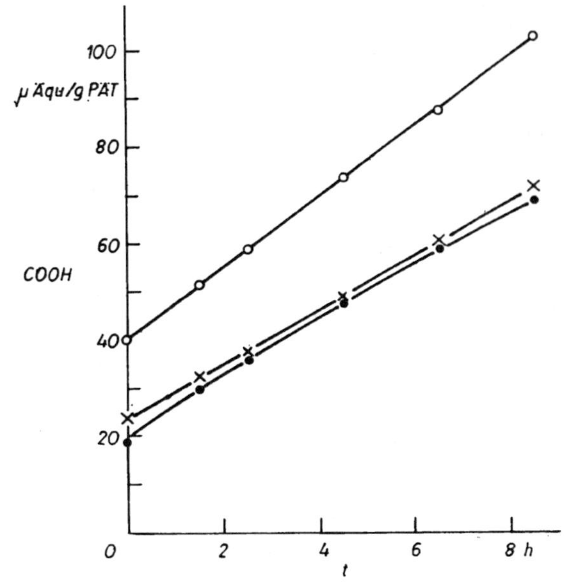

Bild 8. Carboxylgruppenzunahme beim Erhitzen von PÄT unter Rühren auf 280 °C
Katalysator: × Ca/Sb (PÄT A)
• Mn/Ge/P (PÄT B)
o Zn/Sb (PÄT C)

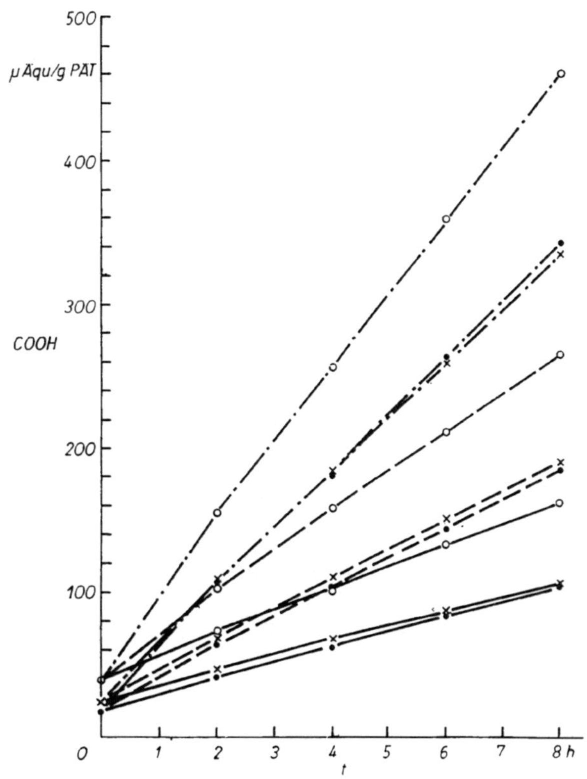

Bild 9. Carboxylgruppenzunahme beim Erhitzen von PÄT in stationärer Phase auf
—— 280 °C, – – – 290 °C und ·—·—·— 300 °C
Katalysator: × Ca/Sb (PÄT A)
• Mn/Ge/P (PÄT B)
o Zn/Sb (PÄT C)

Für die Untersuchung des thermischen Abbaus nach dem Wiederaufschmelzen von PÄT wurden kommerzielle bzw. im kleintechnischen Maßstab hergestellte Granulate verwendet, deren Katalysatorgehalt analytisch bestimmt wurde (vgl. dazu Tabelle 5).

In den Bildern 8 und 9 ist die Carboxylgruppenzunahme von drei verschiedenen PÄT-Proben beim Aufbewahren unter Stickstoff in gerührter und stationärer Phase dargestellt. Die Ergebnisse der kinetischen Auswertung dieser Meßdaten sind in den Tabellen 5 und 6 zusammengefaßt.

Ein Vergleich der Reaktionsgeschwindigkeitskonstanten in der Tabelle 5 mit den RGK-Werten der ebenfalls im gerührten System mit definierten Katalysatoren durchgeführten Polykondensations-Abbauuntersuchungen zeigt, daß der thermische Abbau der kommerziellen Polyester eindeutig in Beziehung zu den analytisch nachgewiesenen Katalysatormetallen und ihrer Konzentration im Polyester gesetzt werden kann. Die RGK des Abbaus von PÄT A ist etwas größer als die bei den Versuchen mit Antimonglykolat ($k = 0{,}42 \cdot 10^{-3}\ h^{-1}$), da der Antimongehalt im PÄT A mehr als doppelt so groß ist. Bei PÄT C und dem in Gegenwart von Zinkacetat polykondensierten PÄT ($k = 1{,}0 \cdot 10^{-3}\ h^{-1}$) ist es umgekehrt. Hier beträgt der den Abbau beschleunigende Zn-Gehalt im PÄT C nur etwa ein Fünftel der Menge, die in dem Laborkondensat enthalten ist.

In der Tabelle 5 und 6 sind die aus den Reaktionsgeschwindigkeitskonstanten berechneten Halbwertzeiten des thermischen Abbaus mit aufgeführt. Sie demonstrieren ein prinzipielles Problem der kinetischen Auswertung dieser Abbauuntersuchungen, das sich natürlich auch schon an den gemessenen Carboxylgruppenzahlen erkennen läßt. Nach den Regeln der der klassischen Kinetik wäre ein Reaktionsablauf von über 50% für eine Auswertung erforderlich. Die Zahl spaltbarer Esterbindungen in einem PÄT von $\overline{P}_n = 100$ beträgt 10300 μÄqu/g PÄT. Ein Polyester, der durch Abbaureaktionen mehr als 100 bis 150 μÄqu. COOH/g PÄT enthält, ist jedoch in seinen

Tabelle 5. Reaktionsgeschwindigkeitskonstanten k und Halbwertzeiten τ des thermischen Abbaus von PÄT bei 280 °C unter Rühren in Abhängigkeit von Katalysatoren

PÄT	Katalysator 10^{-4}%	RGK k $10^{-3}\ h^{-1}$	τ h
A	20 Ca/428 Sb	0,53	1 310
B	70 Mn/76 Ge/79 P	0,56	1 235
C	20 Zn/160 Sb	0,70	989

Tabelle 6. Reaktionsgeschwindigkeitskonstanten k, Aktivierungsenergien E_A und Halbwertzeiten τ des thermischen Abbaus von PÄT in stationärer Phase in Abhängigkeit von Katalysatoren

PÄT	RGK k $10^{-3}\ h^{-1}$			τ h			E_A kcal · mol^{-1}
	280 °C	290 °C	300 °C	280 °C	290 °C	300 °C	
A	1,01	2,01	4,00	686	345	173	46,0
B	1,05	2,04	4,10	660	339	169	46,0
C	1,45	2,76	5,20	478	251	133	42,7

polymerspezifischen Eigenschaften bereits so stark geschädigt, daß er für eine technische Verwertung praktisch unbrauchbar und damit uninteressant ist. Das bedeutet aber, daß wir uns bei der Untersuchung der Kinetik des metallionenkatalysierten thermischen Abbaus auf die Anfangsphase beschränken müssen. In diesem Bereich ist natürllch eine eindeutige Aussage über die Reaktionsordnung nicht möglich; die gemessenen Carboxylgruppenwerte könnten auch nach einem Geschwindigkeitsgesetz nullter Ordnung ausgewertet werden. Wir halten dennoch die von uns gewählte Auswertung nach einem Geschwindigkeitsgesetz erster Ordnung, das für die nach dem gleichen Mechanismus verlaufende thermische Spaltung einfacher organischer Ester bewiesen ist, für zulässig und richtig. Bei der thermischen Spaltung der Modellverbindung Äthylenglykoldibenzoat konnten zudem höhere Umsatzgrade erreicht werden, die ebenfalls dieser Reaktionsordnung gehorchten.

In den Halbwertzeiten kommt nicht nur die unterschiedliche Thermostabilität der verschiedenen Polyester in Abhängigkeit von den Katalysatoren und der starke Temperatureinfluß noch einmal sehr deutlich zum Ausdruck, sondern sie zeigen auch die hier diskutierte Problematik der kinetischen Auswertung von Abbauversuchen auf, die sinnvoller Weise nur über eine Zeitdauer von wenigen Stunden geführt werden können.

Die Zahlenwerte der Tabelle 6 lassen erkennen, daß der thermische Abbau in stationärer Phase, unter Bedingungen also, wie sie in technischen Systemen durch Verweilzeiten in Rohrleitungen oder Aufschmelzvorrichtungen gegeben sein können, erheblich stärker ist, als in der gerührten Schmelze.

Der Unterschied im Abbauverhalten zwischen gerührten und nicht gerührten Schmelzen kann so gedeutet werden, daß in der nicht gerührten Polyesterschmelze die durch die Kettenspaltungen neben den Carboxylgruppen gebildeten Vinylestergruppen in stärkerem Umfang bereits zu Polyvinylterephthalatsegmenten polymerisieren als in der durch Rühren gut durchmischten Schmelze, in der die Reaktion der Vinylestergruppen mit Hydroxyl-Gruppen im Vordergrund steht. Das hat zur Folge, daß durch Esterspaltung der Polyvinylterephthalateinheiten neue zusätzliche Carboxylgruppen und gleichzeitig Polyensegmente gebildet werden. Eine stärkere Zunahme der Carboxylgruppenzahl und eine stärkere Verfärbung der nicht gerührten Schmelze ist die Folge. Damit steht in Übereinstimmung, daß bei den Abbauuntersuchungen im gerührten System eine wesentlich stärkere Acetaldehydbildung beobachtet wird. Eine andere Erklärung könnte sein, daß der abgespaltene Acetaldehyd aus der nicht gerührten Schmelze schwerer entweichen kann und unter Wasserabspaltung zu Polyenalen kondensiert. Das Wasser würde ebenfalls durch Hydrolyse von Esterbindungen eine stärkere Carboxylgruppenzunahme verursachen.

Die Versuchsergebnisse zusammenfassend, kann festgestellt werden, daß in dem Temperaturbereich unterhalb 300 °C, in dem die Herstellung und Verarbeitung des PÄT erfolgt, von den Katalysatoren mehr oder weniger stark beschleunigte Abbaureaktionen eintreten, die vom reaktionskinetischen Standpunkt aus relativ gering sind, aber bereits zu einer merklichen Verminderung der Polymerqualität führen können. Die Temperaturabhängigkeit der kinetischen Daten weist nachdrücklich auf den Nutzen möglichst niedriger Arbeitstemperaturen bei gegebener optimaler Katalysatorwahl hin.

Weitere Untersuchungen, über die in einer späteren Publikation berichtet werden soll, haben gezeigt, daß oberhalb dieser Temperaturen der Katalysatoreinfluß zunehmend in den Hintergrund tritt und ab etwa 350 °C die katalysatorunabhängige, wesentlich rascher verlaufende eigentliche thermische Zersetzung des Polyäthylenterephthalates erfolgt.

4. Chemismus der metallionenkatalysierten thermischen Esterspaltung

Der Chemismus der Katalysatorwirkung bei der thermischen Spaltung des PÄT ist in der Literatur bisher nicht diskutiert worden. Wir wollen daher abschließend versuchen, eine mögliche Deutung zu geben.

Allgemein wird angenommen, daß die Esterpyrolyse über einen cyclischen Übergangszustand verläuft [10], wie er in dem folgenden Formelschema dargestellt ist (1). In diesem Übergangszustand werden die C—H- und die Alkoxy—C—O-Bindung in dem Maße gelöst, in dem die C=C- und die O—H-Bindung des Vinylesters und der Carboxylgruppe gebildet werden.

Es ist nun denkbar, daß die Metallionen der im PÄT enthaltenen Umesterungs- und Polykondensationskatalysatoren ähnlich wie bei der metallionenkatalysierten Umesterung durch Koordinaten mit einer Estercarbonylgruppe [11] wirksam werden (2):
(Me: Katalysatormetallion)

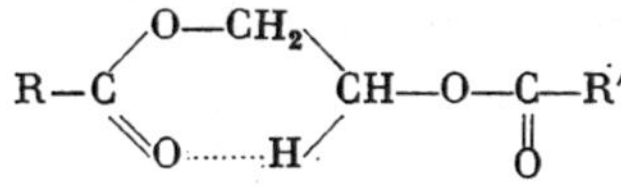

(1)

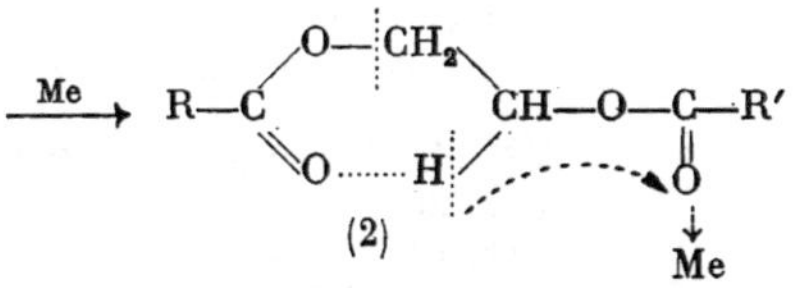

Durch die intermediäre koordinative Bindung des Metallions an den Carbonylsauerstoff wird die Estergruppierung polarisiert, so daß die Abspaltung des Protons und die Bildung der Vinylstruktur begünstigt wird.

Auf Basis dieser Hypothese kann auch zwanglos erklärt werden, warum Ätherbindungen in der Polyesterkette zu keiner Verminderung der thermischen Stabilität führen, oder genauer gesagt, warum kein Katalysatoreinfluß auf die thermische Spaltung festzustellen ist:

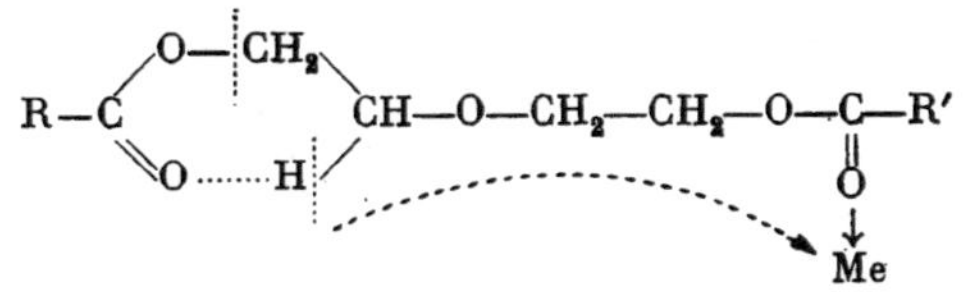
(3)

Die nebenvalente Wechselwirkung eines Metallions mit dem Carbonylsauerstoff kann sich auf Grund der bei einer Diäthylenglykolester-Struktur zusätzlich in der Kette vorhandenen $CH_2—CH_2—O$-Gruppierung (3) nicht mehr reaktionsbeschleunigend auf den cyclischen Übergangszustand der heterolytischen Esterspaltung auswirken, da die Entfernung zwischen den beiden aktiven Zentren zu groß ist.

Literatur

[1] *Goodings, E. P.*: Thermal degradation of polyethylene terephthalate. Soc. chem. Ind., London, Monograph No. 13 (1961) S. 211—228.
[2] *Zimmermann, H.*, und *Leibnitz, E.*: Chemische Untersuchungen über faserbildende Polyester. II. Modellversuche zum thermischen Abbau von Polyäthylenterephthalat. Faserforsch. u. Textiltechnik **16** (1965) S. 282—290.
[3] *Kardash, I. E.*, *Pravednikov, A. N.*, und *Medvedev, S. S.*: Thermischer Abbau von Polyäthylenterephthalat. Dokl. Akad. Nauk SSSR (Ber. Akad. Wiss. UdSSR) **156** (1964) S. 658—661.
[4] *Marshall, J.*, und *Todd, A.*: The thermal degradation of polyethylene terephthalate. Trans. Faraday Soc. **49** (1953) S. 67—78.
[5] *Buxbaum, L. H.*: Der Abbau von Polyäthylenterephthalat. Angew. Chemie **80** (1968) S. 225—234.
[6] *Zámorsky, Z.*: Kinetik des Wärmeabbaues von Polyäthylenterephthalat und von seinen Mischpolykondensaten mit Äthylenisophthalat. Faserforsch. u. Textiltechnik **14** (1963) S. 271—274.
[7] *Zimmermann, H.*: Modellversuche zum Chemismus der thermischen Stabilisierung von Polyäthylenterephthalat mit Phosphorsäureestern. Faserforsch. u. Textiltechnik **19** (1968) 8, S. 372—377.
[8] *Zimmermann, H.*: Chemische Untersuchungen über faserbildende Polyester. I. Über die thermische Stabilisierung von Polyäthylenterephthalat. Faserforsch. u. Textiltechnik **15** (1962) 11, S. 481—490.
[9] *Zimmermann, H.*, und *Becker, D.*: Über den thermooxydativen Abbau von Polyäthylenterephthalat. Preprints der 10. Chemiefasertagung, Ceske Budejovice 1972. XXVIII, S. 1—9. Faserforsch. u. Textiltechnik **24** (1973) 12.
[10] *De Puy, C. H.*, und *King, R. W.*: Chem. Reviews **60** (1960) S. 431—457.
[11] *Zimmermann, H.*, und *Schaaf, E.*: Zum Chemismus metallionenkatalysierter Umesterungsreaktionen. J. prakt. Chemie **312** (1970) S. 660—668.

Eingegangen am 8. August 1973

Einwirkung verschiedener Stabilisatoren auf die Eigenschaften von Polyäthylenterephthalat

Simeona Woinova, Anna Angelova, Wesselina Minčeva und Dimčo Dimitrov
Hochschule für Chemische Technologie, Abteilung „OXT", Sofia/Darwenitza, VR Bulgarien

DK 678.674′524′420:[678.02:66.095.3]:536.495:66.095.27:678.048

Der Einfluß verschiedener Stabilisatoren wurde untersucht, die im Synthesevorgang von Polyäthylenterephthalat zugegeben werden zwecks Herstellung eines ungefärbten und thermostabilen Polymeren. Die Optimalkonzentration für jeden der verwendeten Stabilisatoren wurde bestimmt. Besonders gute Ergebnisse sind beim Einsatz von Kombinationen aus Stabilisatoren von den Phenol- und Phosphattypen zu verzeichnen.

Влияние различных стабилизаторов на свойства полиэтилентерефталата

Изучено влияние различных стабилизаторов, применяемых в процессе синтеза полиэтилентерефталата для получения бесцветного и термоустойчивого полимера. Определена оптимальная концентрация для каждого из изученных стабилизаторов. Наилучшие результаты получаются при применении комбинаций стабилизаторов фенольного и фосфатного типов.

Effect of Various Stabilizers on the Characteristics of Polyethylene Terephthalate

The effect of various stabilizers added in the preparation process of polyethylene terephthalate to obtain nondiscoloured thermostable products have been investigated. The optimum concentration of the stabilizers applied was determined. Favourable results were obtained with stabilizing compositions of phenol and phosphate compounds.

1. Einleitung

Mit dem Vorgang der Synthese von Polyäthylenterephthalat (PÄT) sucht man die Gewinnung eines Produkts mit bestimmten Charakteristiken in Abhängigkeit von seinem Einsatz. Solche Charakteristiken, die die Brauchbarkeit des PÄT für das eine oder das andere Ziel bestimmen, sind die rel. Lösungsviskosität bzw. die rel. Molekülmasse, der Gehalt an Funktionalgruppen, der Remissionsgrad u. a. Von großer Wichtigkeit ist bei der Faserbildung die thermische und die thermooxydative Stabilität des Polymeren bei den hohen Temperaturen des Spinnens aus der Schmelze. Diese Eigenschaften sind in hohem Maße von den Umesterungs- und Polykondensationskatalysatoren [1, 2] wie auch von den Stabilisatoren, die beim Synthesevorgang zugegeben werden [3], abhängig. Aus der Patentliteratur sind verschiedene Verbindungen bekannt, die für die Stabilisierung von Polyestern verwendet werden. An erster Stelle muß man die Ester der Phosphor- und der Phosphorigsäure nennen, die oft als Stabilisatoren des PÄT empfohlen werden, wie z. B. aliphatische und aromatische Triphosphate [4], Phenylphosphite mit der Formel $(RC_6H_4O)_mP(OR')_n$ [5], Triphenylphosphit, Tri-p-tert. Butylphenylphosphit [6]. Dabei hat man festgestellt, daß eine Zugabe von 0,025 bis 0,25 Masse-% der Phosphite beim Polykondensationsvorgang zur Herstellung von helleren und thermostabileren Polymeren führt. Der exakte Mechanismus der Stabilisierungswirkung der Phosphite ist aber noch immer nicht gänzlich geklärt. In letzter Zeit wurden als Thermostabilisatoren auch die aromatischen Isocyanate, wie z. B. Triphenylmethanisocyanat [7], Zinkfuran-2-carbonat und die Pyridincarbonate von Zn, Cd und Mn [8], vorgeschlagen. In zwei japanischen Patenten wird die Herstellung von Polyestern mit erhöhter Oxydationsbeständigkeit bei hohen Temperaturen durch Zugabe von Chinoxalinverbindungen [9] oder von Phthalohydracin und seinen N-alkylsubstituierten Derivaten [10] beim Umesterungs- oder Polykondensationsvorgang beschrieben. Als Stabilisator gegen einen spontanen thermischen Abbau bei Verarbeitung des PÄT aus der Schmelze, der unflüchtig und UV-adsorbierend ist, wird das Flavantron [11] angegeben. Zuletzt muß man als sehr perspektivisch auch die Kompositionen mit synergetischer Wirkung nennen, z. B. dreifache Komposition mit folgendem Inhalt: 1. Polyäthylenglykol (mittlere rel. Molekülmasse 1000), 2. Lauryl-(3,5-di-tert.-butyl-4-oxyphenyl)-propionat, 3. 2,2-dithio-bis-benzothiazol [12]; Komposition aus: Polyäthylenglykol (mittlere rel. Molekülmasse 1000) und Trimethylphosphat [13]; synergetische Mischung aus: 1. Tri-n-tert.-Butylphenylphosphit, 2. 2,6-Diisobornylmethylphenol, 3. Phosphorsäure [14].

Der Gegenstand unserer Forschungsarbeiten war die Einwirkung der verschiedenen Thermostabilisatoren auf die Eigenschaften des hergestellten PÄT zwecks Erzielung bestimmter Merkmale, die für den Gebrauch des Polymeren für Fasern notwendig sind. Zu diesem Zweck wurden folgende Verbindungen untersucht: der Phosphat- und Phosphittyp (Glykolphosphat, P 36), der Phenoltyp (Irganox 1222 — vierfach substituiertes Phenol), wie auch Kombinationen aus diesen Substanzen.

2. *Versuchsdurchführung und Ergebnisse*

Für die Feststellung des Einflusses der verschiedenen Stabilisatoren wie auch ihrer optimalen Konzentration wurden Laborsynthesen durchgeführt, wobei als Katalysator der Umesterung eine Mischung aus $Mn(CH_3COO)_2$ und $NaCH_3COO$ (1:0,15) verwendet wurde. Die Gesamtmenge des Katalysators betrug 0,045 Masse-%, bezogen auf das Dimethylterephthalat. Die Synthesen wurden mittels einer Apparatur, die an anderer Stelle beschrieben ist [15], durchgeführt.

Bild 1 gibt die Ergebnisse, die in Anwesenheit des Stabilisators P 36 erhalten wurden, an. Von den Versuchsdaten ist zu bemerken, daß die Optimalkonzentration 0,1 Masse-%, bezogen auf das Dimethylterephthalat, beträgt. Es wurden auch Versuche durchgeführt, bei denen der Stabilisator bei einer 50- bis 60%igen vervollständigten Polykondensation zugegeben wurde. In diesem Falle erhält man jedoch dunkelgefärbte Polymere mit unerwünschten Charakteristiken. Es ist klar, daß das $Mn(CH_3COO)_2$ das Polyesterharz stark anfärbt und gleichzeitig den Verlauf von Abbauvorgängen bei der hohen Polykondensationstemperatur beeinflußt. Aus diesem Grunde kann eine Zugabe des Stabilisators bei 50 bis 60% vervollständigter Polykondensation die Herstellung eines Polymeren mit den notwendigen Charakteristiken nicht sichern. Zur Bestätigung dieser Konzeption kann man darauf hinweisen, daß bei 25% vervollständigter Polykondensation ein helleres Polymerer erhalten wird. Die Ergebnisse sind in Tabelle 1 angegeben.

Interessant ist die Tatsache, daß bei einer Zugabe des Stabilisators P 36 direkt nach Beendigung der Umesterung in Mengen von 1,00 und 1,25 Masse-% glänzende, weiße Harze mit hohen Schmelztemperaturen (264 bis 265 °C) erhalten werden. Letztere charakterisieren sich aber durch verminderte Löslichkeit

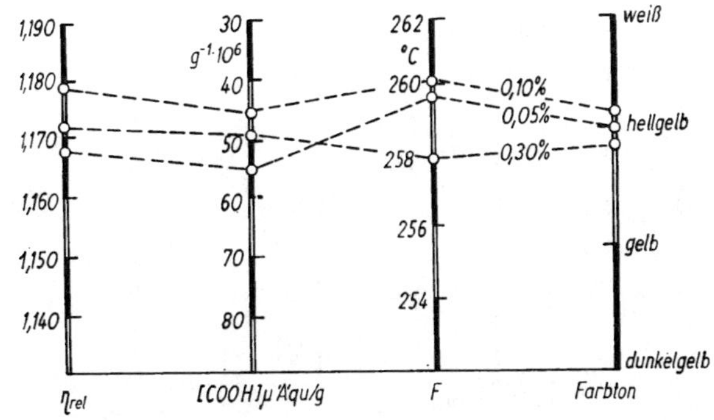

Bild 1. Haupteigenschaften des PÄT, hergestellt mit Stabilisator P 36 verschiedener Konzentrationen

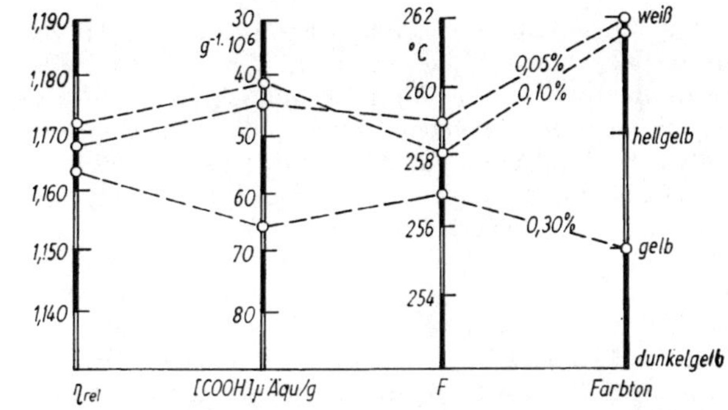

Bild 2. Haupteigenschaften des PÄT, hergestellt mit Stabilisator Glykolphosphat verschiedener Konzentrationen

in m-Kresol und Benzylalkohol. Es ist möglich, daß dies das Resultat einer Vernetzung oder einer starken Verzweigung des Polymeren infolge einer chemischen Verbindung des Stabilisators mit der Polyesterkette durch Phosphorbrücken ist. Zur Klärung dieser Probleme sind weitere Untersuchungen notwendig.

Bei Anwendung des Stabilisators Glykolphosphat wurde eine Optimalkonzentration von 0,05 Masse-%, bezogen auf das Dimethylterephthalat, festgestellt. Die bei einer höheren Konzentration des Glykolphosphats hergestellten Harze charakterisieren sich durch einen höheren als den maximal zulässigen Gehalt an Endcarboxylgruppen und sind dunkel gefärbt. Die Ergebnisse dieser Versuchsserie sind aus Bild 2 ersichtlich.

Es wurde auch der Einfluß des Stabilisators Irganox 1222

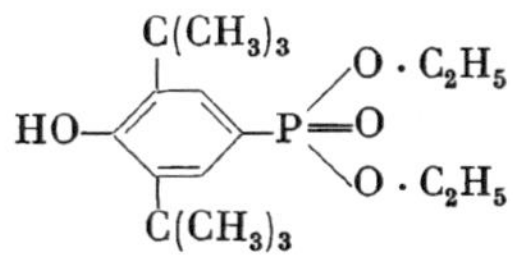

Tabelle 1. Einfluß des Zeitpunkts der Zugabe des Stabilisators P 36 auf die PÄT-Charakteristiken

Polykondensationsgrad %	Konzentration des Stabilisators P 36 Masse-%	Relative Lösungsviskosität	Gehalt an —COOH Gruppen µÄ/g	Schmelzpunkt C°	Farbe
25	0,1	1,201	55,15	258-9	hellgelb
50	0,1	1,165	60,04	259	dunkelgelb
60	0,1	1,125	67,62	257	braun

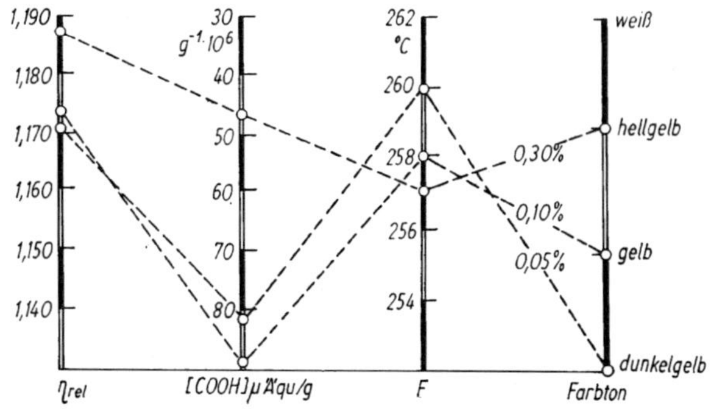

Bild 3. Haupteigenschaften des PÄT, hergestellt mit Stabilisator Irganox 1 222 verschiedener Konzentrationen

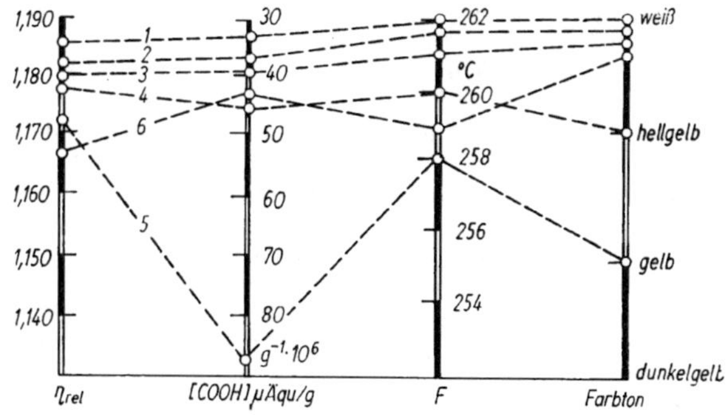

Bild 4. Haupteigenschaften des PÄT, hergestellt mit verschiedenen Stabilisatoren

1 Kombination von 0,05 Masse-% Irganox 1 222 und 0,05 Masse-% Glykolphosphat
2 Kombination von 0,05 Masse-% Irganox 1 222 und 0,05 Masse-% P 36
3 Kombination von 0,05 Masse-% Irganox und 0,05 Masse-% P 26 (gemischt mit Alkalarylphosphit)
4 0,1 Masse-% P 36
5 0,1 Masse-% Irganox 1 222
6 0,1 Masse-% Glykolphosphat

auf die Eigenschaften des PÄT untersucht. Dieser Stabilisator ist interessant, da seine chemische Natur (vierfach substituiertes Phenol) sich gründlich von der Natur der bis jetzt verwendeten Derivate der Phosphorsäure unterscheidet. Die Daten für die Harze, hergestellt in Anwesenheit von Irganox 1 222, sind in Bild 3 angegeben. Es ist zu bemerken, daß die Optimalkonzentration hier 0,3 Masse-% beträgt und damit viel höher als die der bisher untersuchten Stabilisatoren liegt. Es ist auch zu beachten, daß in Anwesenheit von Irganox 1 222 farbige Harze erhalten werden. Wahrscheinlich begründet sich dies durch die Tatsache, daß auf Grund seiner chemischen Natur Irganox nicht fähig ist, das $Mn(CH_3COO)_2$, das die Färbung des hergestellten Polymeren ergibt, zu blockieren.

3. *Auswertung der Versuchsergebnisse*

Aus den Versuchsergebnissen wurde festgestellt, daß bei der Verwendung von Stabilisatoren, die Derivate der Phosphorsäure sind, in Konzentrationen 0,05 bis 0,1 Masse-% Harze mit guten Charakteristiken, die den Anforderungen eines faserbildenden Polymeren entsprechen, hergestellt werden. In Hinsicht auf die Anwendung von Glykolphosphat ist die weiße Farbe des erhaltenen PÄT zu bemerken.

Eine Zugabe von Stabilisatoren des Phenoltyps führt auch zur Herstellung von Harzen mit guten Charakteristiken, wobei die rel. Lösungsviskosität sogar höher ist als die von Harzen, die in Anwesenheit von Phosphorverbindungen erhalten sind. Doch das Polymere ist immer durch unerwünschte Färbung charakterisiert, die von hellcreme bis hellbraun variert.

Es besteht die Annahme, daß die Stabilisierungswirkung der Ester der Phosphor- und der Phosphorigsäure auf der Blockierung der Umesterungskatalysatoren beruht, wobei sich katalytisch unaktive Phosphite bzw. Phosphate ergeben [16]. Außerdem haben die Phosphite das Vermögen, die Hydroperoxide, die sich bei dem Thermooxydationsabbau der Polymeren bilden, zu zerstören. Andererseits ist für die Phenolantioxydantien bekannt, daß sie mit den Radikalen ROO˙ reagieren, wobei sich Hydroperoxide ROOH bilden.

Anhand dieser Konzeptionen ist zu schließen, daß die Verwendung einer Kombination aus den beiden Typen von Stabilisatoren zur Herstellung eines stabilisierten und ungefärbten Polymeren führen wird, da der Phenolantioxydant mit den Radikalen ROO˙, die sich in der primären Phase des Thermooxydationsabbaus bilden, bis zur Bildung von Hydroperoxiden ROOH reagieren wird und die Phosphorstabilisatoren diese Hydroperoxide bis zu unaktiven Produkten abbauen werden, womit der Kettenoxydationsvorgang abgeschlossen sein wird. Tatsächlich wurden bei den Laborsynthesen von PÄT in Anwesenheit von den Kombinationen Irganox 1 222/P 36, Irganox 1 222/P 26 und Irganox 1222/Glykolphosphat weiße Harze mit verbesserten Charakteristiken erhalten. Dies ist klar

Tabelle 2. Daten aus der Differentialthermoanalyse von PÄT-Proben, synthetisiert in Anwesenheit von verschiedenen Stabilisatoren

Nr.	Stabilisator	Konzentration Masse-%	Anfangstemperatur der Oxydation °C	Schmelztemperatur °C	Masseverlust bei 280 °C %
1.	P 36	1,00	232	264	1,30
2.	Irganox 1 222 + P 26	0,05	236	251	1,17
3.	Irganox 1 222 + Glykolphosphat	0,05	237	262	0,46

Alle Derivatogramme sind in Luftatmosphäre aufgenommen worden, die Probenmasse war ca. 300 mg; die Katalysatorkonzentration betrug 0,045 Masse-%, bezogen auf des DMT.

aus Bild 4 zu ersehen, in dem die Daten für die in Anwesenheit von den aufgezählten Kombinationen hergestellten Harze angegeben sind.

Als Zusatz zu den analytischen Daten sind in Tabelle 2 auch Ergebnisse der Differentialthermoanalyse eines Teils der erhaltenen Harze angegeben. Anhand dieser Daten kann man über die hohe Stabilität des in Anwesenheit von der Kombination Irganox 1222/Glykolphosphat erhaltenen Harzes, das sich durch minimalen Oxydationspeak, hohe Schmelztemperatur und minimalen Masseverlust charakterisiert.

Die chemische Natur beider Stabilisatortypen, eingeschlossen in der Zusammenstellung der Inhibitorkombination, wie auch die verbesserten Charakteristiken der erhaltenen Polymeren (einige wurden im Laufe von 30 min und bei einer Temperatur von 290 °C der Luft ausgesetzt, ohne dabei ihre Farbe oder Lösungsviskosität wesentlich zu ändern) sind die Anhaltspunkte dafür, daß es sich in diesem Falle um einen synergischen Effekt handelt. Zur Bestätigung dieser Vermutung sind weitere zusätzliche Untersuchungen über die Abbaukinetik des PÄT in Anwesenheit von Inhibitorkombinationen notwendig. Darüber werden wir später berichten.

Literatur

[1] *Petuchov, B. V.*, und *Terechova, G. M.:* Der Einfluß von Polyesterungskatalysatoren auf die Nebenprozesse bei der Synthese des Lavsans. Chim. Volokna (Chem. Fasern) (1961) 5, S. 24–27.

[2] *Zimmermann, H.:* Chemische Untersuchungen über faserbildende Polyester. I. Über die thermische Stabilisierung von Polyäthylenterephthalat. Faserforsch. u. Textiltechnik **13** (1962) 11, S. 481–490.

[3] *Terechova, G. M., Michajlov, N. V.*, und *Tokareva, L. G.:* Einfluß von Thermostabilisatoren auf die Synthese von Polyäthylenterephthalat. Chim. Volokna (Chem. Fasern) (1964) 4, S. 28–32; dt. in: Sowj. Beitr. Faserforsch. u. Textiltechnik **1** (1964) 5, S. 230–236.

[4] Eine Methode für Stabilisierung der Polyesterkompositionen. JAP 25827 vom 7. 11. 1968.

[5] Polyester, stabilisiert durch Phenylphosphit, USP 3386952 vom 4. 6. 1968.

[6] *Terechova, G. M., Michajlov, N. V.*, und *Tokareva, L. G.:* Thermische Beständigkeit von Ester der phosphorigen Säure enthaltendem Polyäthylenterephthalat. Chim. Volokna (Chem. Fasern) (1964) 4, S. 33–35; dt. in: Sowj. Beitr. Faserforsch. Textiltechnik **1** (1964) 5, S. 236–238.

[7] Polyesters stabilized with aromatic isocyanates. USP 3580886 vom 25. 5. 1971.

[8] Eine Methode für Herstellung linearer Polyester. JAP 20316 vom 10. 7. 1970.

[9] Polyester, beständig bei Hochtemperaturoxydation. JAP 13476 vom 7. 6. 1968.

[10] Eine Methode für Herstellung von Polyestern, die bei Hochtemperaturoxydation beständig sind. JAP 13477 vom 7. 6. 1968.

[11] Heat stabilization of polyesters. USP 3565854 vom 23. 3. 1971.

[12] Kompositionen von modifizierten Polyestern. JAP 12230 vom 4. 5. 1970.

[13] Kompositionen von Polyestern. JAP 15424 vom 24. 4. 1971.

[14] *Michajlov, N. V., Terechova, G. M., Tokareva, L. G.*, und *Kar'kova, N. G.:* Untersuchung des thermooxydativen Abbaus von Polyäthylenterephthalat in Gegenwart von Stabilisatoren. Chim. Volokna (Chem. Fasern) (1970) 4, S. 15–17; dt. in: Sowj. Beitr. Faserforsch. Textiltechnik **7** (1970) 11, S. 572–574.

[15] *Woinova, S., Dimitrov, D., Stanev, S., Minčeva, W.*, und *Angelova, A.:* Stabilitätserhöhung des Polyäthylenterephthalats durch stabilisierende Zusätze aus Phosphorigsäureestern. Faserforsch. u. Textiltechnik **23** (1972) 5, S. 205–207.

[16] *Zimmermann, H.:* Modellversuche zum Chemismus der thermischen Stabilisierung von Polyäthylenterephthalat mit Phosphorsäureestern. Faserforsch. u. Textiltechnik **19** (1968) 8, S. 372–377.

Eingegangen am 2. April 1973

Der Einfluß der Polymerisationsbedingungen des ε-Caprolactams auf die Verteilung der relativen Molekülmasse des Polycaprolactams

Teil 2[1])

Horst Mertel und Gerhard Heilmann

VEB Chemiefaserkombinat Schwarza „Wilhelm Pieck", Direktorat Forschung

DK 678.675'126:66.095.26:677.494.675'126:541.24:519.25: 677.017.2/.8

Die nach den im ersten Teil erläuterten Fraktioniermethoden sowie Auswertungsverfahren und Fehlerbetrachtungen erzielten experimentellen Ergebnisse werden mitgeteilt und diskutiert. Die rel. Lösungsviskosität und die Verteilung der rel. Molekülmassen von ketten- und nichtkettenstabilisierten Polycaprolactamen wurden untersucht, und die textilphysikalischen Eigenschaften von aus solchen PA-6-Granulaten hergestellten Seiden wurden ermittelt.

Влияние условий полимеризации ε-капролактама на молекулярновесовое распределение поликапролактама. Часть 2

Обсуждаются результаты, полученные при применении методов фракционирования, обработки данных и определения погрешности, описанных в первой части. Изучалась относительная вязкость растворов стабилизированных и нестабилизированных образцов поликапролактама, а также их молекулярновесовое распределение. Кроме того, определялись физические свойства комплексных нитей, сформованных из вышеупомянутых образцов полиамида-6.

The Effect of Polymerisation Conditions of ε-Caprolactam on the Molecular Weight Distribution of Polycaprolactame. Part 2

The experimental results obtained by the fractionation methods, evaluation procedures and error estimates described in part 1 are reported and discussed. The relative solution viscosity and the molecular weight distribution of polycaprolactame samples with and without chain stabilizers as well as the physical properties of multifilament yarn obtained from these granulated samples have been investigated.

Im ersten Teil dieser Arbeit [1] wird ein kurzer Überblick über wichtige Veröffentlichungen zur Verteilung der rel. Molekülmasse (MMV) und zu Fraktioniermethoden von PA 6 sowie zu der von uns angewandten Fraktionierung „von oben" gegeben. Außerdem enthält Teil 1 dieser Arbeit Erläuterungen zur Auswertung der Experimentaldaten und eine Fehlerbetrachtung zur experimentellen Bestimmung der MMV durch Fraktionierung „von oben".

Im vorliegenden zweiten Teil unserer Arbeit stellen wir unsere experimentellen Ergebnisse dar, die ausgewertet und diskutiert werden.

2. Experimenteller Teil

2.1. Beschreibung der Fraktionier-Apparatur

Das Kernstück der Fraktionier-Apparatur (Bild 1) ist ein Doppelmantelgefäß aus Jenaer Glas. Der Doppelmantel dient der Thermostatierung des Fraktioniergefäßes (50°C ± 0,2 grd).

Das Fraktioniergefäß ist 500 mm lang, sein Innendurchmesser beträgt 105 mm, und es faßt ca. 3500 cm³. Es ist mit einem Schliffhahn zum Ablassen der Lösungen und mit Schliffföffnungen versehen, an die Kühler, Rührer und Stickstoffleitungen angeschlossen werden. Der Kreuzrührer aus Glas reicht bis knapp über den Boden des Fraktioniergefäßes, um die Lösungen gut rühren zu können (Rührgeschwindigkeit ca. 150 U/min).

Der Einbau einer Zeitschaltuhr zur selbsttätigen Abstellung des Rührmotors sowie der Einbau von Sicherheitsrelais zur Vermeidung von Überhitzungen und Verlusten des Temperiermediums (H_2O) ermöglicht uns, auch die arbeitsfreien Nachmittags- und Nachtstunden für die Fraktionierung zu nutzen. Eine weitere Verkürzung des Zeitaufwandes für eine Fraktionierung erreichen wir durch stundenweises Arbeiten an arbeitsfreien Wochenenden. Für eine Doppelbestimmung mit je 15 bis 18 Fraktionen benötigen wir auf diese Weise nur noch eine Arbeitszeit von zwei Wochen.

2.2. Arbeitsvorschrift

Für die Fraktionierung werden nur destillativ gereinigtes m-Kresol, n-Heptan und Methanol sowie mit siedendem Wasser extrahierte und bei 70°C/20 Torr bis zur Massekonstanz getrocknete PA-6-Proben eingesetzt.

Zur Fraktionierung werden 2,5 g PA 6 in 1000 ml m-Kresol unter Rühren bei ca. 50°C ($c_{PA} \approx 0{,}25\%$) gelöst. Mattiertes PA 6 wird vor der Fraktionierung vom TiO_2 befreit, indem die PA-6-Lösung über ein G5-Kerzenfilter filtriert wird.

Die zu fraktionierende PA-6-Lösung wird mit einer Temperatur von ca. 50°C in das Fraktioniergefäß eingefüllt. Unter Rühren und Überleiten von Stickstoff (< 3 ppm O_2) wird langsam n-Heptan bis zum Eintreten einer kräftigen Trübung zugesetzt (ca. 1500 ml; genaue Menge ist DP-abhängig: bei relativ kleinem DP mehr, bei relativ hohem DP weniger als 1500 ml). Danach wird die Temperatur auf 60°C erhöht, damit sich das ausgefällte PA 6 wieder löst. Nach Abkühlen auf 50°C und weiterem dreistündigem Rühren hat sich ein Gleichgewicht zwischen Gel- und Solphase eingestellt.

Die vollständige Trennung von Gel- und Solphase erfolgt anschließend während des 6 bis 8 h Stehens der Lösung, so daß danach die Gelphase in ein 400-ml-Becherglas abgelassen werden kann, in dem mit ca. 300 ml Methanol die PA-6-Fraktion ausgefällt wird. Man läßt den Niederschlag über Nacht im Kühlschrank (ca. −2°C) absitzen, dekantiert und filtriert über eine G4-Fritte, wäscht mit kaltem und heißem Methanol kresolfrei und trocknet im Vakuum-Trockenschrank bei 70°C/20 Torr bis zur Massekonstanz.

Wie die erste (hochmolekulare), so werden auch alle anderen Fraktionen abgeschieden, ausgefällt und isoliert. Dabei ist für die Ausfällung etwa massegleicher Fraktionen mit

[1]) Teil 1 s. [1].

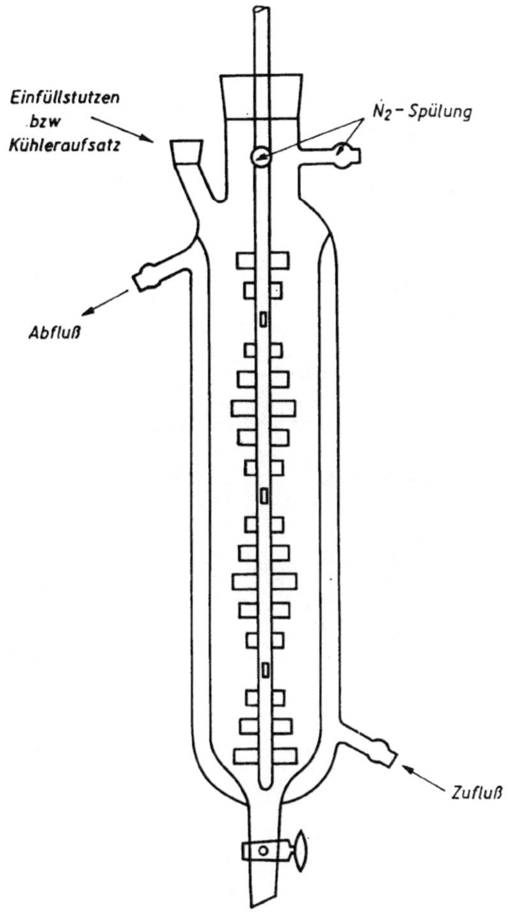

Bild 1. Fraktionierapparatur

abnehmendem Polymerisationsgrad eine größere Menge an n-Heptan erforderlich (s. Fraktionierschema Tabelle 1).

Wenn nach Zugabe von n-Heptan keine Phasentrennung mehr erreichbar ist, dann wird aus der Lösung durch Vakuum-Destillation das n-Heptan entfernt, die zurückbleibende kresolische Lösung im Vakuum unter Stickstoff bis auf ca. 100 ml eingeengt und einer nochmaligen Fraktionierung nach der beschriebenen Methode in einem kleineren Fraktioniergefäß unterworfen (2 bis 3 Fraktionen). Die letzte Fraktion (niedermolekular) gewinnt man aus der wiederum im Vakuum eingeengten Lösung (10 ml) durch Ausfällen mit ca. 300 ml Methanol.

2.3. Proben-Herstellung

Die Polymerisate wurden in einem dinylbeheizten, mit einem Rührwerk ausgerüsteten 60-l-Autoklaven hergestellt.

2.3.1. Normaltechnologie

25 kg ε-Caprolactam werden in einem elektrisch beheizten Mischergefäß bei 90 °C aufgeschmolzen, mit Wasser (Initiator) und Essigsäure (Kettenstabilisator) versetzt und über ein Keramik-Kerzenfilter in den auf 90 °C vorgeheizten, mit Stickstoff gespülten Autoklaven gedrückt. Während des Aufheizens auf die Polymerisationstemperatur steigt der Innendruck im Autoklaven an, er wird auf 1,5 at Überdruck einreguliert und 2 h lang auf diesem Niveau gehalten. Danach wird der Autoklav innerhalb $^1/_2$ h auf Normaldruck entspannt, und es wird drucklos weiter polymerisiert. Während der drucklosen Polymerisationsphase wird gerührt (ca. 100 U/min) und mit Stickstoff gespült.

2.3.2. Dreistufen-Technologie

Polymerisate mit relativ hohem DP wurden nach folgender Verfahrensweise hergestellt [2]:

Die Polymerisation wird bis einschließlich der Entspannung des Autoklaven auf Atmosphärendruck, wie unter Punkt 2.3.1 beschrieben, geführt. Danach folgen: 10 h Polymerisation bei 240 °C, 5 h Polymerisation bei 260 °C und 5 h Polymerisation bei 280 °C.

Das Gießen der PA-6-Bänder erfolgt innerhalb von 30 min in Wasser. Die PA-6-Bänder werden auf einer Schnitzelschneide zerkleinert, im Labor mehrere Male mit Wasser extrahiert und im Vakuum-Trockenschrank bei 70 °C/20 Torr bis zur Massekonstanz getrocknet.

3. Fraktionier-Ergebnisse

3.1. Zusammenhänge zwischen den Polymerisationsbedingungen und der rel. Lösungsviskosität bzw. der Verteilung der rel. Molekülmasse bei Autoklaven-Polymerisaten

In mehreren Versuchsreihen konnten wir nachweisen, daß der Wassergehalt (Initiator) in den Grenzen 0,5 bis 7%, der Gehalt an Essigsäure (Kettenstabilisator) in den Grenzen 1/700 bis 1/50 mol/mol ε-Caprolactam, die Polymerisationstemperatur in den Grenzen 180 bis 260 °C und die Polymerisationszeit in den Grenzen 25 bis 35 h die MMV des PA 6 im Vergleich zu der aus dem DP nach *Flory* und *Schulz* berechneten Normalverteilung (NV) nicht maßgeblich beeinflußt.

Gleichartige Ergebnisse erhielten wir auch bei Versuchen mit kürzeren (< 25 h) und längeren Polymerisationszeiten (> 35 h) bei verschiedenen Polymerisationstemperaturen (bis 280 °C) an kettenstabilisierten, aber andersartige Ergebnisse an nichtkettenstabilisierten Polymerisaten. Die Ergebnisse dieser Versuchsreihen werden nachfolgend beschrieben.

Tabelle 2. Herstellungsparameter von Autoklaven-Polymerisaten

Charge	Polym.-Temp. °C	CH_3COOH mol/mol	H_2O %	Probenahme
2499	240	1/175	1,4	alle 5 h zwischen 15 und 50 h
2497	260	1/175	1,4	
2498	280	1/175	1,4	
2520	240	1/700	0,5	
2516	280	1/700	0,5	
2452	280	—	0,5	alle 5 h zwischen 12, 18 und 53 h

Tabelle 1. Fraktionierschema

Fraktion	1	2	3	4	5	6	7	8	9	10	11	12	13	14	15
ml n-Heptan ca.	1500	20	30	30	35	40	40	45	50	55	70	90	120	170	200

3.1.1. Einfluß der Polymerisationstemperatur und -zeit auf die rel. Lösungsviskosität (LV) von Polycaprolactamen

Zwecks Ermittlung des Einflusses der Polymerisationstemperatur und -zeit auf die LV und MMV von PA 6 polymerisierten wir einige Chargen ε-Caprolactam (je 25 kg) nach der unter Punkt 2.3.1 beschriebenen Autoklaven-Normaltechnologie; eine Charge (2452) wurde aber nach der unter Punkt 2.3.2 beschriebenen Dreistufen-Technologie polymerisiert. Die Polymerisationsbedingungen und der Probenahme-Zyklus sind in der Tabelle 2 zusammengefaßt.

In der Tabelle 3 ist der LV-Verlauf jedes Polymerisationsansatzes angegeben.

Daraus lassen sich für die verwendete Autoklaven-Polymerisation folgende Schlußfolgerungen ziehen:

Polymerisationen mit relativ großen Mengen Essigsäure (1/175 mol/mol ε-Caprolactam) — Chargen 2499, 2497 und 2498 — verlaufen bei unterschiedlichen Temperaturen — 240; 260 und 280 °C — relativ einheitlich; nach 30 h Polymerisationszeit ist trotz unterschiedlicher Polymerisationstemperaturen in allen drei Polymerisaten die gleiche LV erreicht. Bei gleichem Gehalt an Kettenstabilisator (CH_3COOH) wird das um so höhere LV-Maximum um so später erreicht, je geringer die Polymerisationstemperatur ist (Bild 2):

Charge	2499	2497	2498
Essigsäure	1/175	1/175	1/175
LV-Maximum	1,76	1,72	1,66
nach ...h	45	40	35
Polym. Temp. °C	240	260	280

Polymerisationen mit relativ geringen Mengen Essigsäure (1/700 mol/mol ε-Caprolactam) — Chargen 2520 und 2516 — verlaufen bei unterschiedlichen Temperaturen — 240 und 280 °C — schon nicht mehr so einheitlich; gleiche LV stellt sich erst nach längerer Polymerisationszeit (ca. 35 h) ein. Das LV-Maximum ist wiederum um so höher und wird um so später erreicht, je tiefer die Polymerisationstemperatur ist (Bild 3).

Bei gleicher Temperatur (280 °C) und unterschiedlichen Essigsäuremengen (1/175, 1/700 mol/mol ε-Caprolactam, ohne) — Chargen 2498, 2516 und 2452 — verlaufen die Polymerisationen so, daß die LV um so schneller ansteigt, das LV-Maximum um so höher liegt und nach um so kürzerer Zeit erreicht wird, je weniger Essigsäure dem Reaktionsgemisch zugesetzt wurde (Bild 4):

Tabelle 3. LV-Werte (0,5 g PA 6/100 ml 95,6%iger H_2SO_4) *von Autoklaven-Polymerisaten in Abhängigkeit von Polymerisationstemperatur und -zeit*

Polymer.-Zeit h	2499	2497	2498	2520	2516	Polymer.-Zeit h	2452
						12	1,83
15	1,53	1,59	1,57	1,72	1,81	18	2,17
20	1,55	1,57	1,56	1,76	1,92	23	2,33
25	1,59	1,60	1,63	1,77	1,97	28	2,04
30	1,63	1,64	1,64	1,86	1,98	33	1,87
35	1,70	1,64	1,66	1,95	1,97	38	1,78
40	1,72	1,72	1,66	2,18[1])	1,95	43	1,77
45	1,76	1,71	1,65	—	1,84	48	1,70
50	1,73	1,71	1,59	—	1,78	53	1,67

[1]) abgebrochen, um das Rührwerk nicht zu beschädigen

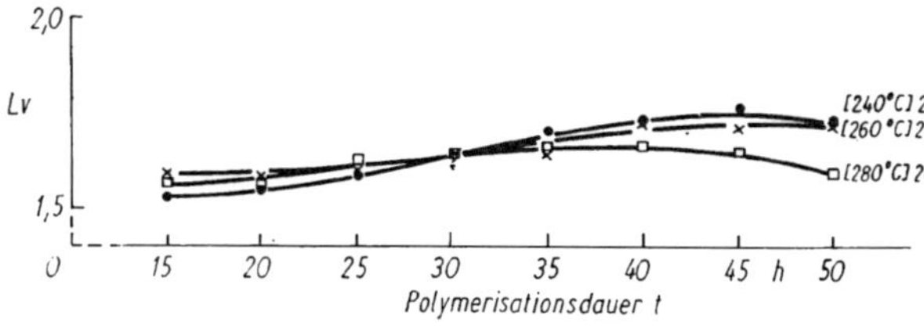

Bild 2. LV-Verlauf von Autoklaven-Polymerisaten in Abhängigkeit von Polymerisationstemperatur und -zeit (1/175 mol Essigsäure/mol KL)

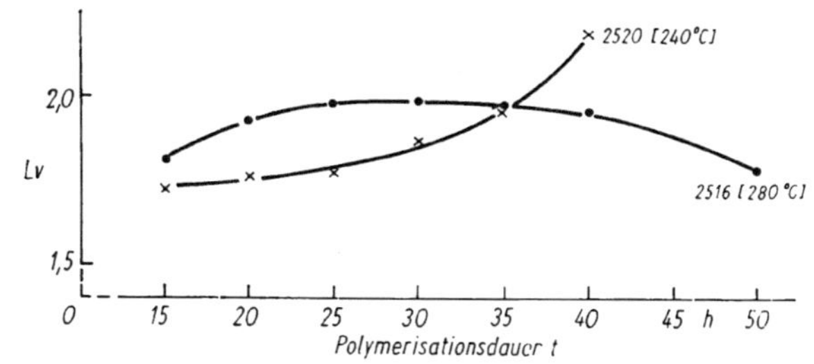

Bild 3. LV-Verlauf von Autoklaven-Polymerisaten in Abhängigkeit von Polymerisationstemperatur und -zeit (1/700 mol Essigsäure/mol ε-Caprolactam)

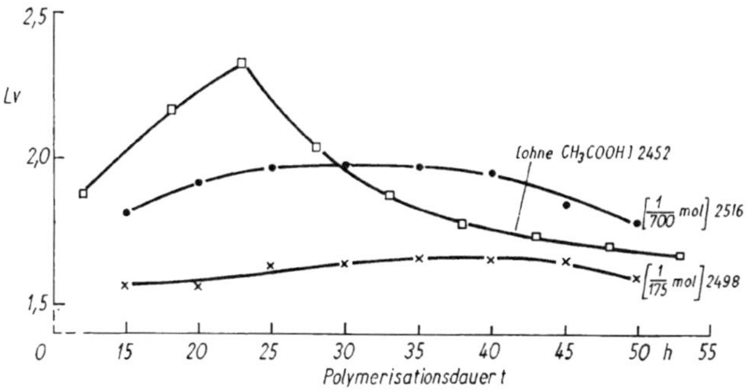

Bild 4. LV-Verlauf von Autoklaven-Polymerisaten in Abhängigkeit vom Essigsäuregehalt und der Polymerisationszeit (bei 280 °C)

Charge	2498	2516	2452
Polym. Temp.- °C	280	280	280
Essigsäure in mol/mol ε-Caprolactam	1/175	1/700	ohne
LV-Maximum	1,66	1,98	2,33
nach ... h	35	30	25

3.1.2. Einfluß der Polymerisationstemperatur und -zeit auf die Verteilung der rel. Molekülmasse kettenstabilisierter Polycaprolactame

Von den unter Punkt 3.1.1 beschriebenen PA-6-Granulaten (Tabelle 3) bestimmten wir die MMV. Es ist unmöglich und auch unzweckmäßig, die MMV-Kurve jedes Polymerisates einzeln zu beschreiben; wir ziehen dieser Verfahrensweise eine komplexe und vergleichende Auswertung und Diskussion vor.

Alle extrahierten Proben der Polymerisate 2499, 2497, 2498, 2520 und 2516 weisen im Prinzip NV auf, wobei allerdings unterschiedliche Abweichungen der Experimentalkurven von den berechneten Kurven gefunden wurden. Die Abweichungen und die Unterschiede in den Abweichungen sind nach unserer Auffassung größtenteils methodisch bedingt [1].

Aus einer Auswertung der experimentellen Differentialkurven der in [1] zur Fehlerbetrachtung herangezogenen experimentellen Integralkurven einer Sechsfachfraktionierung (Charge 2497/35) ergibt sich nämlich: die Maxima der experimentell ermittelten Differentialkurven sind nach höheren P-Bereichen (um 40 bis 105, ⌀ 70) und nach niederen Masseanteilen (um maximal 3,8%, ⌀ 1,8%) hin verschoben (Bild 5). Das entspricht einem Fehlbetrag an niedermolekularen und einem Überschuß an höhermolekularen Anteilen, verglichen mit der NV.

Beim genaueren Betrachten der MMV-Kurven fällt allerdings auf, daß es in jeder Versuchsreihe ein bis zwei Experimentalkurven gibt, die unter dem Durchschnitt liegende Abweichungen von der NV-Kurve aufweisen, wie ein Vergleich der folgenden Kurvenbilder unschwer erkennen läßt:

2499/40	Bild 6	2499/30	Bild 7
2497/30	Bild 8	2497/40	Bild 9
2498/20	Bild 10	2498/30	Bild 11
2520/35	Bild 12	2520/25	Bild 13
2516/50	Bild 14	2516/35	Bild 15

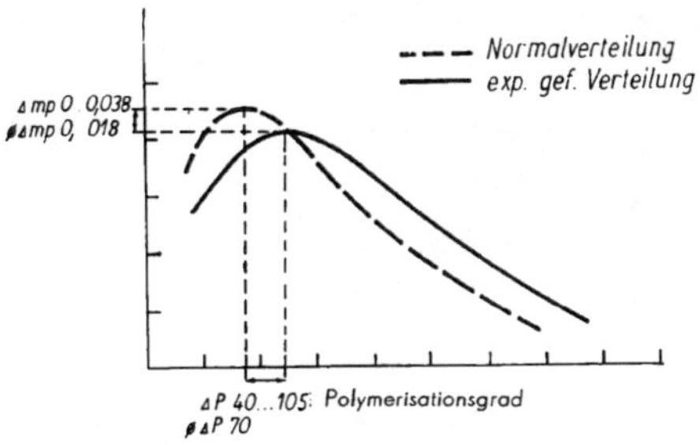

Bild 5. Abweichungen zwischen „theoretischer" und experimenteller MMV-Differentialkurve²)

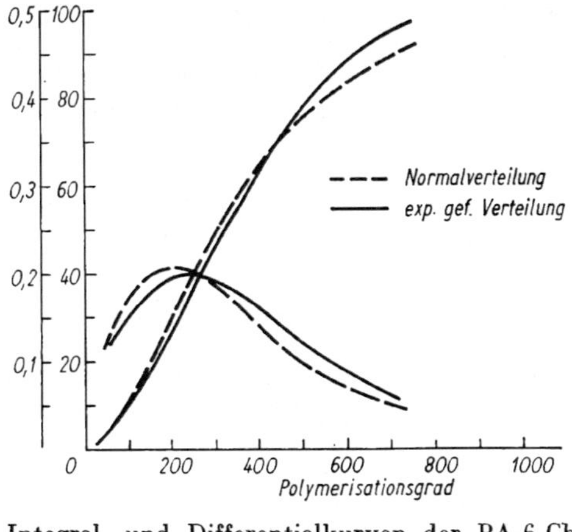

Bild 6. Integral- und Differentialkurven der PA-6-Charge 2499/40

²) Für die Bilder 5 bis 28 gelten folgende Ordinatengrößen: Integralkurven: $\sum m_P$ (%); Differentialkurven: m_P/P (% P^{-1}).

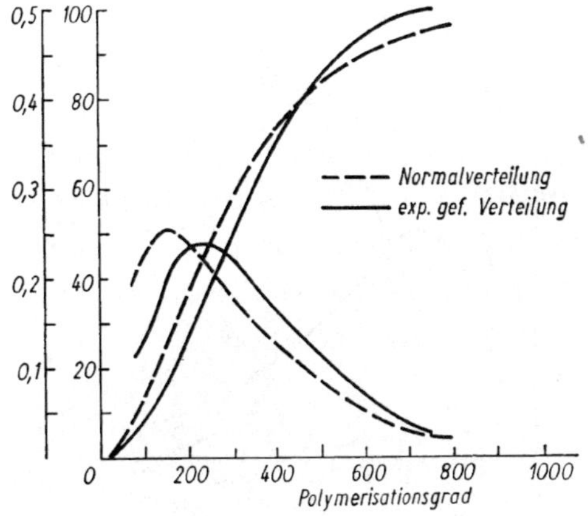

Bild 7. Integral- und Differentialkurven der PA-6-Charge 2499/30

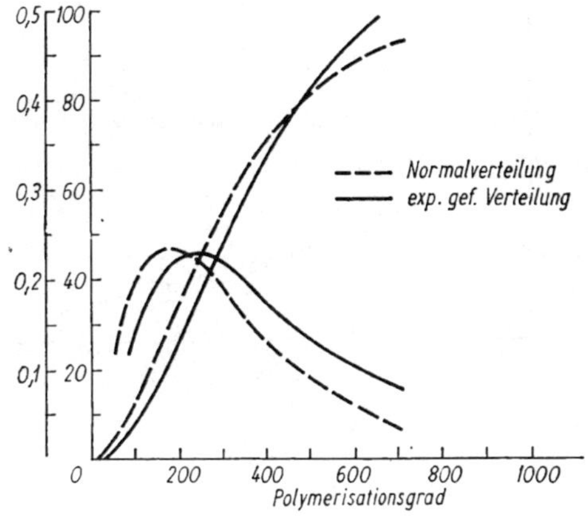

Bild 8. Integral- und Differentialkurven der PA-6-Charge 2497/30

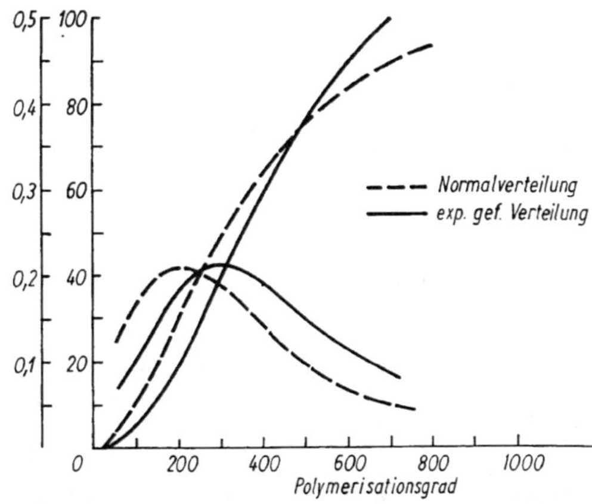

Bild 9. Integral- und Differentialkurven der PA-6-Charge 2497/40

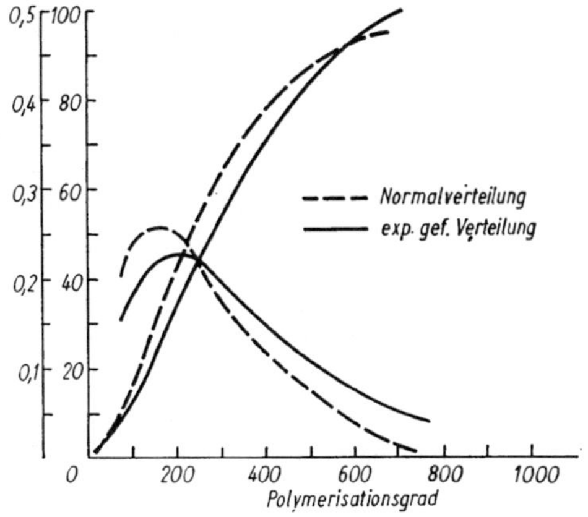

Bild 10. Integral- und Differentialkurven der PA-6-Charge 2498/20

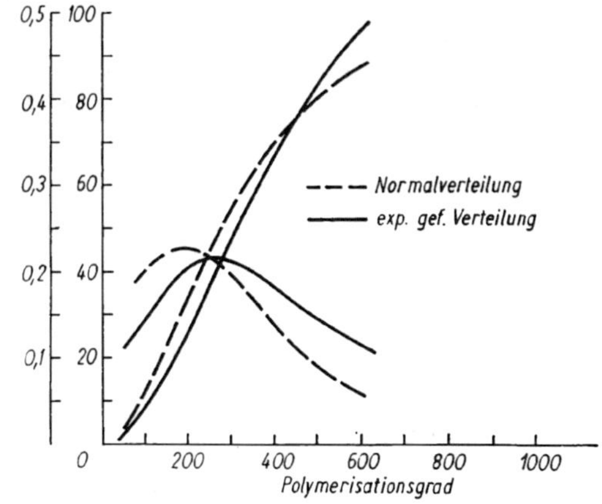

Bild 11. Integral- und Differentialkurven der PA-6-Charge 2498/30

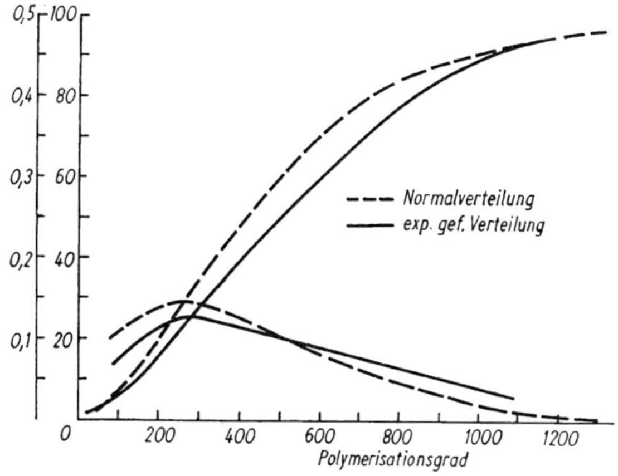

Bild 12. Integral- und Differentialkurven der PA-6-Charge 2520/35

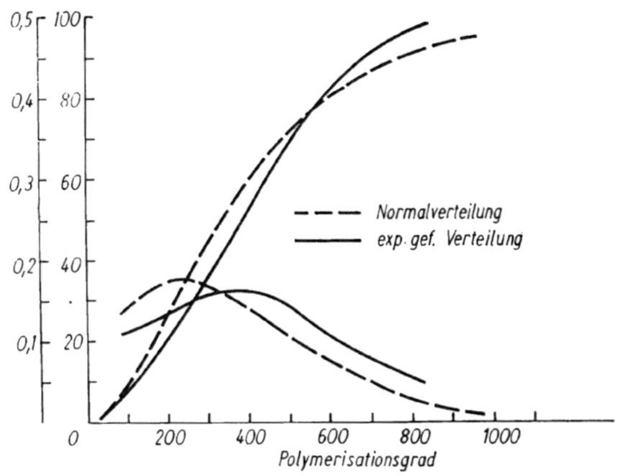

Bild 13. Integral- und Differentialkurven der PA-6-Charge 2520/25

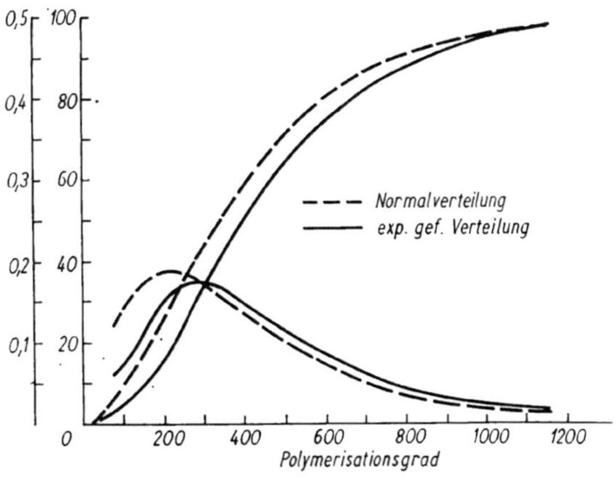

Bild 14. Integral- und Differentialkurven der PA-6-Charge 2516/50

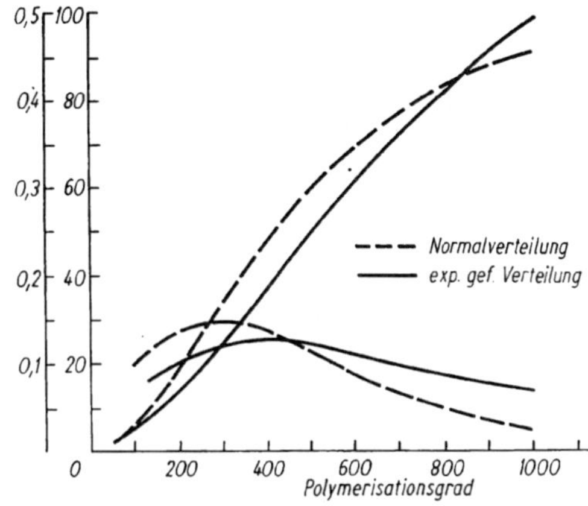

Bild 15. Integral- und Differentialkurven der PA-6-Charge 2516/35

3.1.3. Einfluß der Polymerisationstemperatur und -zeit auf die Verteilung der rel. Molekülmasse nichtkettenstabilisierter Polycaprolactame

Die Polymerisate der nichtkettenstabilisierten Charge 2452 weichen in ihrer MMV bis auf eine Ausnahme stärker von der jeweiligen NV ab als die unter Punkt 3.1.1 beschriebenen kettenstabilisierten Polycaprolactame. Deshalb sollen die MMV-Kurven der Charge 2452 mit den Polymerisationszeiten 12, 23, 38, 48 und 53 h ausführlicher beschrieben werden.

Bei der 12- und 23-h-Probe fehlen beträchtliche Anteile in den niedermolekularen Fraktionen, die Maxima sind flach und eindeutig nach höheren Fraktionen hin

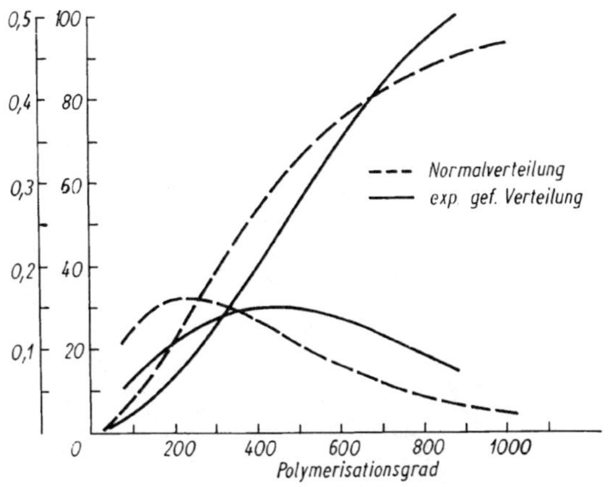

Bild 16. Integral- und Differentialkurven der PA-6-Charge 2452/12

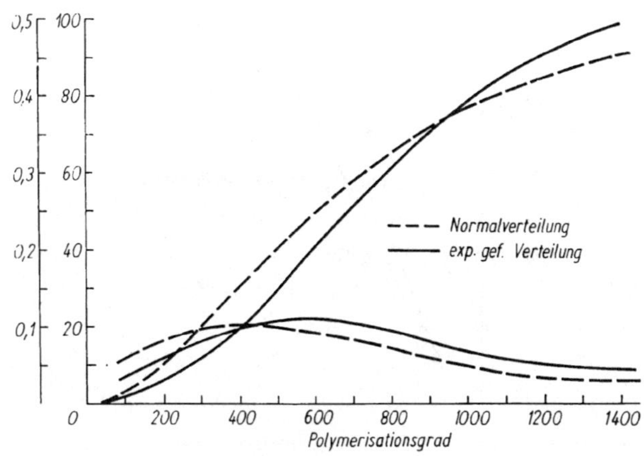

Bild 17. Integral- und Differentialkurven der PA-6-Charge 2452/23

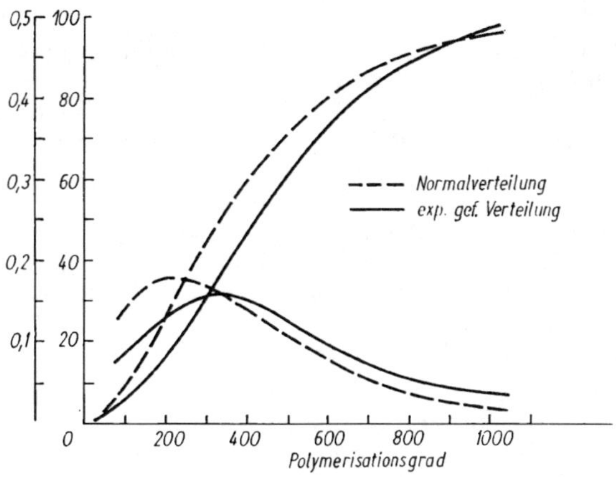

Bild 18. Integral- und Differentialkurven der PA-6-Charge 2452/38

verschoben, die höhermolekularen Fraktionen sind in wesentlich größeren Anteilen, als erwartet, vorhanden (Bilder 16 und 17).

Bei der 38-h-Probe übersteigen die Abweichungen zwischen experimenteller MMV und NV das übliche Maß nicht, so daß die MMV des PA 6 in diesem Falle der NV entspricht (Bild 18).

Interessant sind die MMV-Kurven der 48- und insbesondere der 53-h-Probe (Bilder 19 und 20), weil wir derartige Experimentalkurven bisher noch nicht gefunden haben. Bei der 48-, insbesondere aber bei der 53-h-Probe ist die MMV generell nach höheren P-Graden hin verschoben, sind insbesondere die höchstmolekularen Fraktionen gegenüber der NV in viel größeren Anteilen vorhanden. Bemerkenswert ist, daß wir in der Probe 2452/53 noch so hochmolekulare Fraktionen ($P \geqq 1150$) fanden, die nach der NV gar nicht mehr in isolierbaren Anteilen vorhanden sein sollten.

Die nur wenig nach höheren P-Bereichen (~ 100) verschobenen Maxima sind nicht so stark ausgeprägt wie in der NV. Damit konnten in den letzten beiden Fällen eindeutig breitere MMV im Vergleich zur NV nachgewiesen werden.

3.1.4. *Einfluß der MMV auf die textilphysikalischen Eigenschaften von PA-6-Seiden*

Der Einfluß der MMV auf die mechanischen Eigenschaften von PA-6-Seiden ist nach unserer Kenntnis bisher nicht untersucht worden.

Moll [3] zitiert *Keynjon*, der an Polyäthylenprodukten dadurch bessere mechanische Eigenschaften erzielen

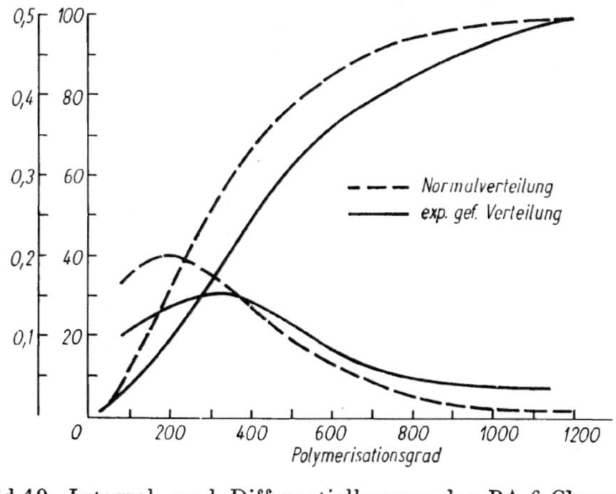

Bild 19. Integral- und Differentialkurven der PA-6-Charge 2452/48

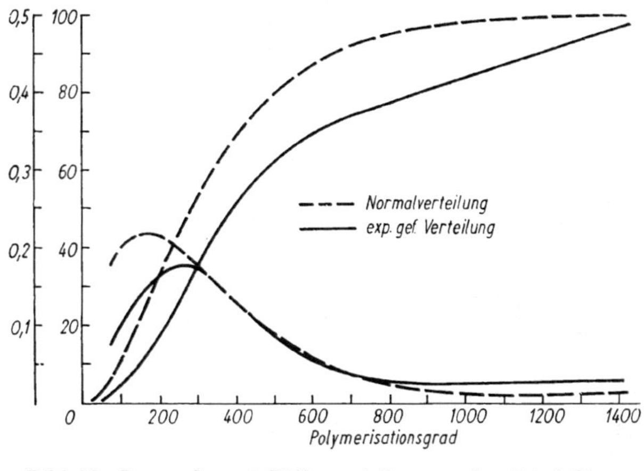

Bild 20: Integral- und Differentialkurven der PA-6-Charge 2452/53

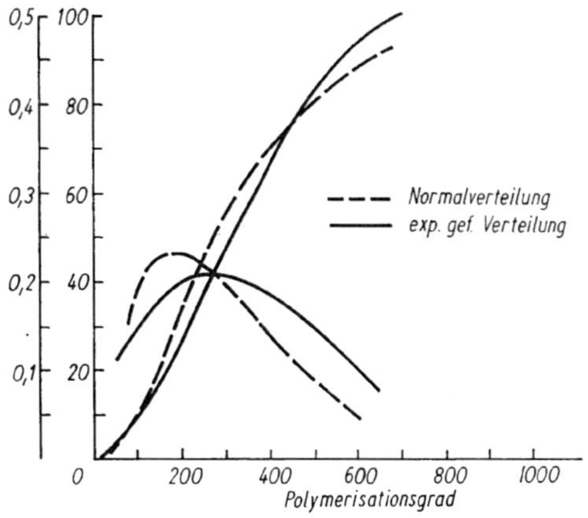

Bild 21. Integral- und Differentialkurven der PA-6-Charge 2498/45

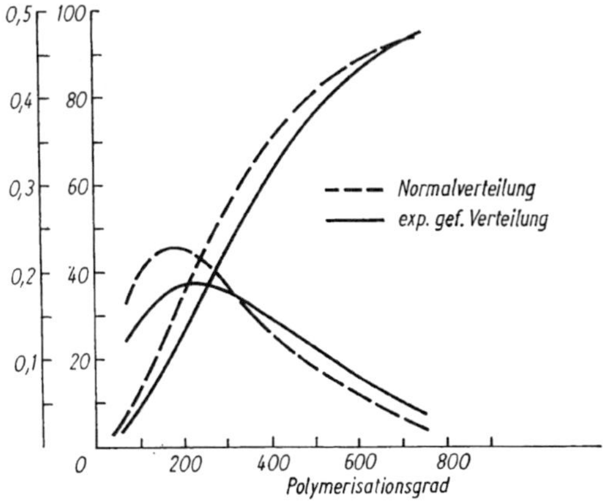

Bild 22. Integral- und Differentialkurven der PA-6-Charge 2498/40

konnte, daß er vor der Verarbeitung die Fraktionen niedersten und höchsten Polymerisationsgrades entfernte, d. h. die Breite der MMV verringerte.

Andere Autoren ([4] und dort zitierte Literatur) wiesen auf mögliche Zusammenhänge zwischen rel. Molekülmasse und Verarbeitbarkeit sowie mechanische Eigenschaften beim PA 6 hin.

Die Zusammenhänge zwischen der MMV des Polymerisates und den textilphysikalischen Eigenschaften interessierten uns sehr stark. Deshalb entschlossen wir uns, aus mehreren PA-6-Granulaten, deren MMV wir rechnerisch und experimentell bestimmt hatten, Seiden herzustellen und ihre textilphysikalischen Eigenschaften miteinander zu vergleichen.

Die zum Spinnen eingesetzten PA-6-Granulate mit annähernd gleichem DP (161 bis 168) sind unter unterschiedlichsten Reaktionsbedingungen hergestellt worden (Tabelle 4).

Trotzdem traten bis auf zwei Ausnahmen in den MMV-Kurven der Polymerisate keine größeren Unterschiede und keine abnormen Abweichungen von der NV auf. Nur die nichtkettenstabilisierten mit extrem kurzen und extrem langen Polymerisationszeiten haben abweichende MMV: HT 11/5 besitzt im Vergleich zur NV eine engere, 2452/53 eine wesentlich breitere MMV (s. auch Tabelle 4: $\bar{P}$/DP = 1,54 bzw. 3,11).

Zur besseren Vergleichbarkeit der MMV-Kurven aller in Tabelle 4 aufgeführten PA-6-Granulate haben wir alle integralen und differentiellen MMV-Kurven noch in je einem Koordinatensystem zusammen dargestellt (Bilder 27 und 28).

Für das Spinnen der PA-6-Granulate verwendeten wir eine Kolben-Schmelzspinn-Einrichtung, die nach Angaben von *Dietrich* und *Versäumer* [5] im CFK Schwarza nachgebaut wurde.

Spinnparameter:

Heizmantel-Temperatur:	280 bis 285 °C,
Aufschmelzzeit:	30 bis 35 min,
Stickstoff-Strom:	120 bis 150 l/h,
Fördermenge:	4,35 g/min (= Kolbengeschwindigkeit von 1 cm/min),
Düse:	12-Loch (r = 0,1 mm),
Spritzgeschwindigkeit:	10,1 m/min,
Verzug:	ca. 16,
Aufspulgeschwindigkeit:	160 m/min,
Umdrehungen Präparationsscheibe:	12 min^{-1} ,
Präparation:	P 487.

Tabelle 4. PA-6-Granulat-Herstellungsbedingungen und -kennwerte

Charge	Probenahme im [2]) LV-Stadium	CH_3COOH mol/mol	H_2O im Polym.-Ansatz %	Polym.-Temp. °C	Polym.-Zeit h	LV	DP	$\bar{P}$/DP[3])	MMV Bild:
2497/30	Anstieg	1/175	1,4	260	30	1,64	161	1,92	8
2498/30	Anstieg	1/175	1,4	280	30	1,64	161	1,86	11
2497/35	Anstieg	1/175	1,4	260	35	1,64	161	2,10	9
2498/45	im breiten Maximum	1/175	1,4	280	45	1,65	163	1,85	21
2498/40	im breiten Maximum	1/175	1,4	280	40	1,66	166	1,96	22
2498/35	im breiten Maximum	1/175	1,4	280	35	1,66	166	1,81	23
2104	nicht bekannt	1/250	0,5	240	24	1,66	167	1,90	24
Z 3[1])	nicht bekannt	1/820	1,6	260	26	1,66	167	1,97	25
2452/53	Abfall	—	0,5	280	53	1,67	168	3,11	20
HT 11/5	Anstieg	—	0,5	260	7	1,67	168	1,54	26

[1]) Produktionsgranulat aus einem VK-Az-Rohr [2]) Siehe Bilder 2 und 4 [3]) Siehe [1]

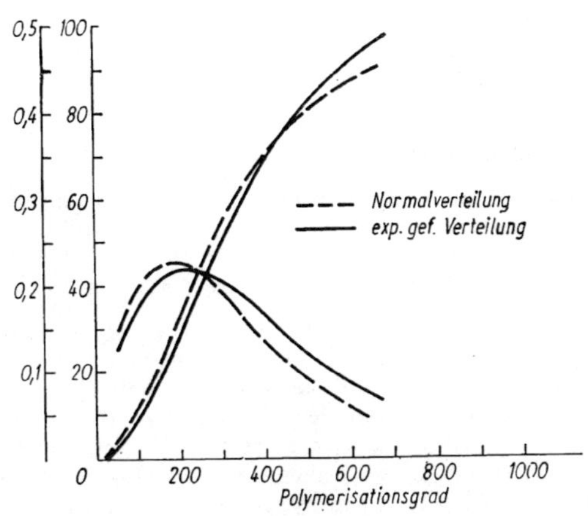

Bild 23. Integral- und Differentialkurven der PA-6-Charge 2498/35

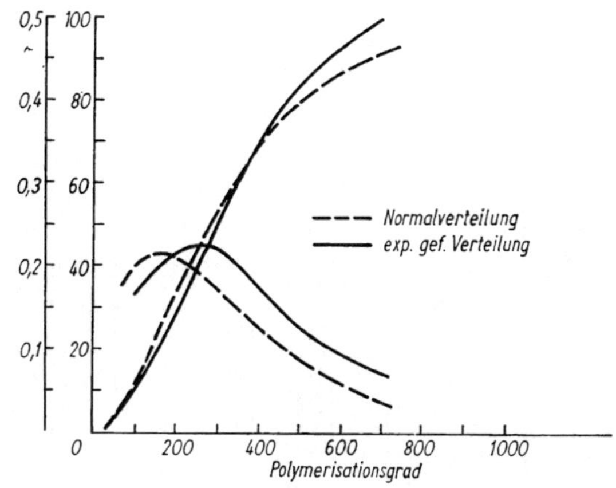

Bild 24. Integral- und Differentialkurven der PA-6-Charge 2104

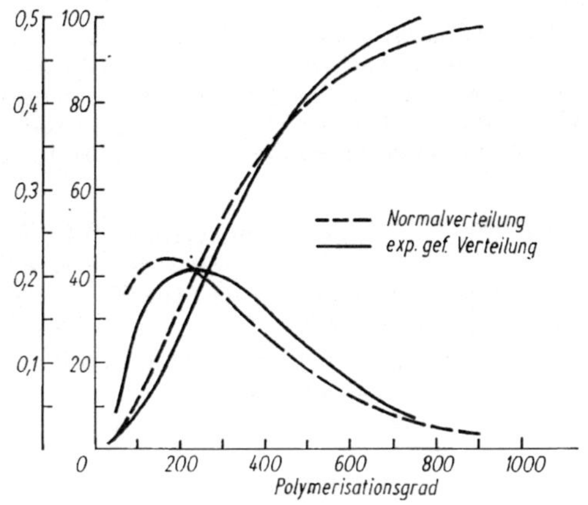

Bild 25. Integral- und Differentialkurven der PA-6-Charge Z 3

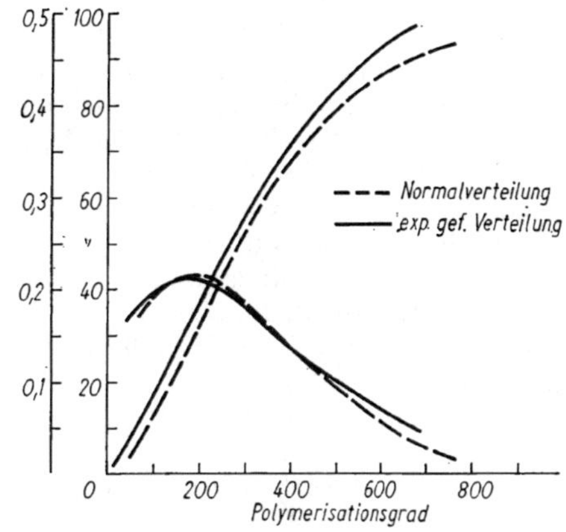

Bild 26. Integral- und Differentialkurven der PA-6-Charge HT 11/5

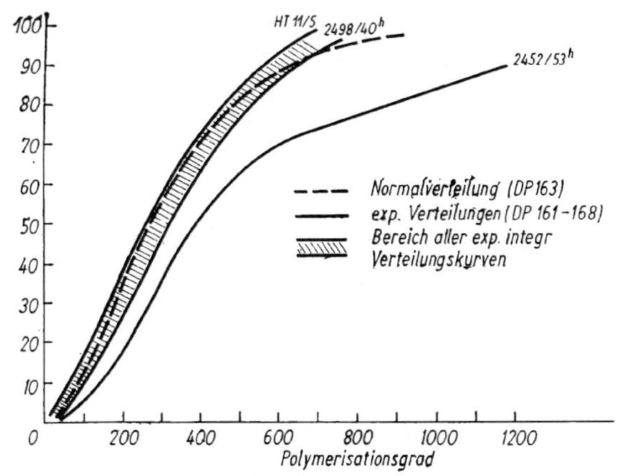

Bild 27. Integralkurven aller für das Spinnen ausgewählten PA-6-Granulate

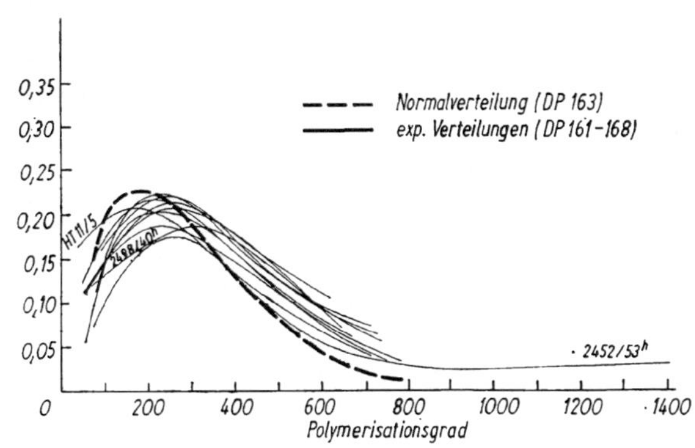

Bild 28. Differentialkurven aller für das Spinnen ausgewählten PA-6-Granulate

Tabelle 5. Textilphysikalische Prüfergebnisse an PA-6-Experimentalseiden

Charge	Feinheit tex	Reißkraft p	Reißlänge p/tex	Reißdehnung %
2497/30	7,60	254	33,3	45,0
2498/30	7,66	253	33,3	45,4
2497/35	7,32	244	33,0	42,8
2498/45	8,05	277	34,4	41,5
2498/40	8,35	280	33,5	45,3
2498/35	7,14	248	34,6	49,1
2104	7,48	273	35,7	47,7
Z 3	7,67	275	35,4	40,7
2452/53	7,94	304	37,9	21,2
HT 11/5	7,65	288	37,1	48,0

Die ungereckten Seiden wurden nach einer Lagerzeit von etwa 24 h bei 20 °C/65% rel. Luftfeuchte auf einer SZ-Maschine 3007 unter folgenden Bedingungen gereckt:

Reckgeschwindigkeit:	347 m/min,
Spindel-Drehzahl:	5890 min^{-1},
Ringläufer-Nr.:	24,
Reckverhältnis:	1:3,81.

Alle zehn Proben ließen sich ohne Beanstandungen spinnen und — außer der Probe 2452/53 — auch ohne Schwierigkeiten recken. Die Probe 2452/53 konnte nur mit großer Mühe gereckt werden; bei der Reckung der ca. 50 g Spinnseide traten insgesamt neun Kapillarbrüche und ein Fadenbruch auf.

Die gereckten Experimentalseiden wurden textilphysikalisch geprüft (Tabelle 5).

In Auswertung der textilphysikalischen Prüfergebnisse stellten wir fest, daß bis auf eine Ausnahme (2452/53) keine Unterschiede in der Reißfestigkeit und -dehnung der Experimentalseiden bestehen, auch dann nicht, wenn wir die Versuchsfäden aus ein und demselben PA-6-Granulat (2498) miteinander vergleichen, das nach 30, 35, 40 und 45 h Polymerisationszeit (bei 280 °C Polymerisationstemperatur) aus dem Autoklaven entnommen wurde. Trotz einer um 5, 10 und 15 h längeren thermischen Belastung der Proben 2498/30 ist kein Kettenabbau (Bild 2) und keine bemerkenswerte Abweichung in den MMV-Kurven (Bilder 23, 22, 21, 11, 27 und 28) und auch nicht in den textilphysikalischen Prüfwerten Reißfestigkeit und -dehnung (s. Tabelle 5) gefunden worden.

Die eindeutig engere MMV der Probe HT 11/5 brachte keine bemerkenswerte Verbesserung der textilphysikalischen Eigenschaften, verglichen mit den Festigkeits- und Dehnungseigenschaften von PA-6-Fäden aus -Granulaten mit NV. Von diesen PA-6-Seiden unterscheiden sich aber sehr deutlich die Fäden aus dem PA-6-Granulat 2452/53, da sie bei gleicher Reißfestigkeit nur noch 21% Restdehnung aufweisen, d. h., die Seide aus PA 6 mit abnorm breiter MMV ist wesentlich weniger reckbar als Seiden aus PA 6 mit NV oder etwas engerer MMV.

4. Zusammenfassung

Bei der Untersuchung von LV und MMV an ketten- und nichtkettenstabilisierten Polycaprolactamen und bei der textilphysikalischen Prüfung der aus solchen PA-6-Granulaten hergestellten -Seiden stellten wir fest:

ε-Caprolactam-Polymerisationen (im Autoklaven) verlaufen in Gegenwart relativ großer Mengen Essigsäure (1/175 mol) unabhängig von Temperatur (240 bis 280 °C) und Zeit (15 bis 50 h) hinsichtlich der LV der Polymerisate relativ einheitlich; in Gegenwart verhältnismäßig geringer Mengen Essigsäure (1/700 mol) ist dieser relativ einheitliche Polymerisationsverlauf schon nicht mehr gewährleistet.

Alle unter den beschriebenen Bedingungen hergestellten kettenstabilisierten Polycaprolactame weisen im Prinzip *Flory/Schulz*-Verteilungen (NV) auf, nichtkettenstabilisierte nur in Sonderfällen. Der MMV von kettenstabilisierten Produktionsgranulaten braucht also solange keine vorrangige Aufmerksamkeit geschenkt zu werden, wie die Granulate unter konstanten Bedingungen hergestellt werden. Diese Feststellung gilt um so mehr, da auch das Erspinnen und Recken sowie die textilphysikalischen Eigenschaften der Seiden unabhängig von den Herstellungsbedingungen der Granulate untereinander gleich waren. Bemerkenswert ist die eine Ausnahme, bei der sich eine extrem breite MMV eines nichtkettenstabilisierten Granulates sehr negativ auf den Reckprozeß sowie die Reißfestigkeit und Restdehnung auswirkte (2452/53).

Herrn Prof. Dr. *G. Reinisch* und seinen Mitarbeitern danken wir für das ständige Interesse an dieser Arbeit, für die ständige Unterstützung und für die fördernden Diskussionen.

Unserer Mitarbeiterin *Ch. Weise* danken wir für die fleißige und gewissenhafte umfangreiche experimentelle Arbeit.

Literatur

[1] *Mertel, H.*, und *Heilmann, G.:* Der Einfluß der Polymerisationsbedingungen des ε-Caprolactams auf die Verteilung der rel. Molekülmasse des Polycaprolactams. Teil 1. Faserforsch. u. Textiltechnik **24** (1973) 8, S. 333 bis 336.

[2] *Turtenwald, L.*, und *Heilmann, G.:* Verfahren zur Herstellung von linearen hochmolekularen Polyamiden. DDR-Patent 74104.

[3] *Moll, W. L. H.:* Fraktionierung von Polymeren. Kolloid-Z. u. Z. Polymere **223** (1968) 1, S. 48—61.

[4] *Poludennaja, V. M., Volkova, N. S., Archangel'skij, D. N., Žigockij, A. G.*, und *Konkin, A. A.:* Einfluß der relativen Molekülmasse des Polycaproamids auf die Eigenschaften des entsprechenden Faserstoffs. Chim. Volokna (Chem. Fasern) (1968) 5, S. 6—7; dt. in: Sowj. Beitr. Faserforsch. Textiltechnik **7** (1970) 2, S. 69—71.

[5] *Dietrich, K.*, und *Versäumer, H.:* Schmelzspinn-Vorrichtung für kleine Substanzmengen. Faserforsch. u. Textiltechnik **21** (1970) 4, S. 261—263.

Eingegangen am 16. Juli 1973

Zum Bau eines Differentialthermoanalysengerätes

Claus Otto und Klaus-Dieter Ahlers

VEB Chemiefaserwerk Wilhelm-Pieck-Stadt Guben, Forschungslabor

DK 678.5/.8:543.227.083.6:543.227.084

Es wird ein Differentialthermoanalysengerät beschrieben, das zur Untersuchung hochpolymerer Stoffe entwickelt wurde. Das Gerät gestattet simultane Aufnahmen. Die Untersuchungen können unter Vakuum bzw. definierter Atmosphäre durchgeführt werden. Die bei chemischen Reaktionen entstehenden gasförmigen Zersetzungsprodukte lassen sich gaschromatographisch oder IR-spektrometrisch identifizieren.

Усовершенствованный прибор для дифференциально-термического анализа

Описан прибор для дифференциально-термического анализа, предназначенный для исследования высокомолекулярных веществ. Прибор позволяет проводить одновременное исследование нескольких проб в вакууме или в определенной атмосфере. Образующиеся в результате химических реакций газообразные продукты разложения можно идентифицировать при применении методов газовой хроматографии или ИК-спектроскопии.

Construction of an Differential Thermoanalytical Device

A differential thermoanalytical device for the investigation of high polymers is described, which allows simultaneous registration. The investigations can be performed in vacuo or defined atmosphere. The gaseous degradation products formed in chemical reactions can be identified by gas chromatography or IR-spectroscopy.

1. Einleitung

Im letzten Jahrzehnt hat die Differentialthermoanalyse (DTA) in verstärktem Maße Einzug in die Hochpolymerenforschung gefunden. Die stürmische Entwicklung der DTA dokumentiert sich in einem großen Angebot kommerzieller Geräte. Gleichzeitig nahm die Zahl der Veröffentlichungen zu, die sich mit der Theorie der Bestimmung kalorischer und kinetischer Daten aus DTA-Aufnahmen beschäftigte. Einer allgemeinen theoretischen Interpretation stehen unterschiedliche Versuchsparameter an den einzelnen Geräten entgegen. Eine Vereinheitlichung der wesentlichen Versuchsparameter würde diesen Prozeß beschleunigen. Trotz der gegenwärtigen Schwierigkeiten einer theoretischen Interpretation ist die DTA als Analysenmethode in der Hochpolymerenforschung ein unentbehrliches Hilfsmittel geworden, das einen umfassenden Einblick in das thermische Verhalten dieser Stoffe gestattet.

In der Regel sind kommerzielle DTA-Geräte für einen breiten Untersuchungsbereich ausgelegt. Einerseits wird dadurch das Einsatzgebiet solcher Geräte erweitert, während andererseits diese Geräte für spezielle Untersuchungen keine optimalen Analysenergebnisse liefern können. Das ist ein wesentlicher Grund dafür, daß in vielen Laboratorien Eigenbaugeräte benutzt werden, die den speziellen analytischen Problemen angepaßt sind [1 bis 7]. Das in unserem Laboratorium gefertigte Gerät wurde so ausgelegt, daß es im Temperaturbereich von Zimmertemperatur bis 450 °C zur Charakterisierung des thermischen Verhaltens Hochpolymerer mit gutem Erfolg eingesetzt werden konnte.

2. Bau und Funktionsweise des DTA-Gerätes

2.1. Meßprinzip

Bei der Konstruktion des Gerätes wurde davon ausgegangen, daß zur eindeutigen und schnellen Charakterisierung Hochpolymerer ein Simultan-DTA-Gerät in der Aussagekraft herkömmlichen Geräten überlegen ist. Das heißt, das entwickelte DTA-Gerät gestattet es neben der Möglichkeit einer einfachen DTA-Aufnahme, unter völlig identischen Bedingungen gleichzeitig zwei DTA-Aufnahmen zu realisieren. Außerordentlich wertvoll sind derartige Aufnahmen, wenn man kleinste Unterschiede im thermischen Verhalten unterschiedlich behandelter Polymerer ermitteln will [8]. Der in der klassischen dynamischen DTA benutzte

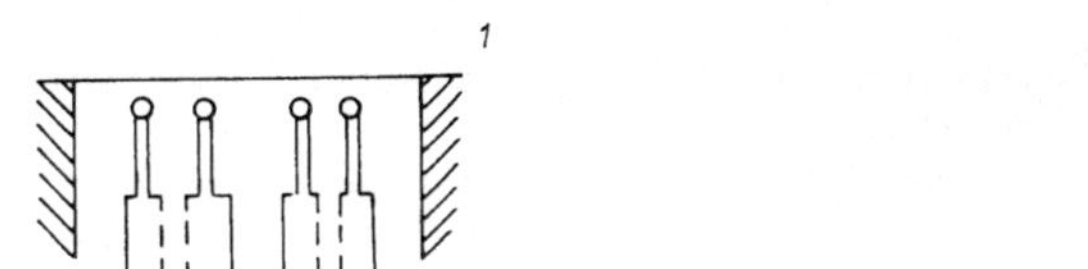

Bild 1. Schema der Simultan-DTA-Apparatur
1 — Ofen mit Meßkopf
2 — Verstärkereinrichtung
3 — Bezugs-Thermoelement
4 — Registriereinrichtung

Meßkopf wurde dahingehend verändert, daß anstelle von zwei gegeneinander geschalteten Thermoelementen vier Thermoelemente in den Meßkopf eingebaut sind, von denen jeweils zwei zusammengeschaltet worden sind. Zum Prinzip der DTA sei auf eine Reihe ausgezeichneter Standardwerke verwiesen [9 bis 12]. Im wesentlichen läßt sich jede DTA-Apparatur in vier Funktionsgruppen unterteilen. Es sind diese der Meßkopf mit dem Ofen, die Steuervorrichtung des Gerätes, die Verstärkereinrichtung und die Registriereinrichtung (Bild 1).

2.2. Meßkopf mit Ofen

Entscheidenden Einfluß auf die Aussagekraft einer DTA-Aufnahme hat der Meßkopf mit den Thermoelementen. Aus einer Vielzahl von uns erprobter Varianten hat sich die folgende als optimal herauskristallisiert.

Im Bild 2 ist der Schnitt A-B des Meßkopfes dargestellt. Dem Bild ist zu entnehmen, daß ein Gaseinleitungs- und ein Absaugrohr koaxial in den eigentlichen Meßraum ragen. Durch diese Rohre lassen sich wahlweise Reaktiv- oder Inertgas einleiten bzw. absaugen. Im Falle des Arbeitens unter Vakuum kann ein mit einem Flansch versehener Zylinder auf die Grundplatte vakuumdicht aufgeschraubt werden (Bild 2). Ein System von Zylindern soll eine Vergleichmäßigung des Wärmestromes von den Heizwendeln des Ofens zu den Thermoelementen gewährleisten. Wie oben bereits erwähnt, ragen in den Meßraum vier Thermoelemente, die der Übersicht wegen in dem Schnitt A-B nicht eingetragen sind. Eine senkrecht zum Schnitt A-B geführte Schnittdarstellung wäre somit mit dem Schnitt A-B identisch.

Der Meßkopf ist aus VA-Materialien hergestellt worden. Die Thermoelemente sind Mantelthermoelemente mit einer Mantelstärke von 2 mm und einer Drahtstärke von 0,2 mm. Als Thermoelementkombination wurde Ni/Cr—Ni gewählt, die im genutzten Untersuchungsbereich eine lineare Thermospannungserhöhung von 41 μV/grd aufweist.

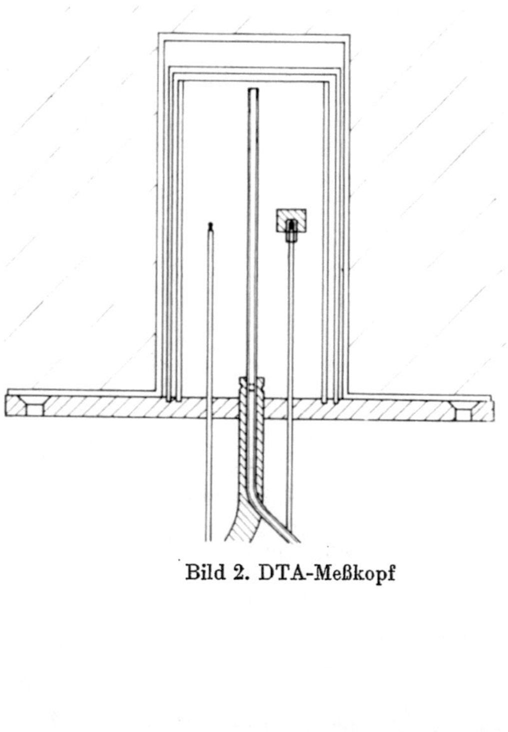

Bild 2. DTA-Meßkopf

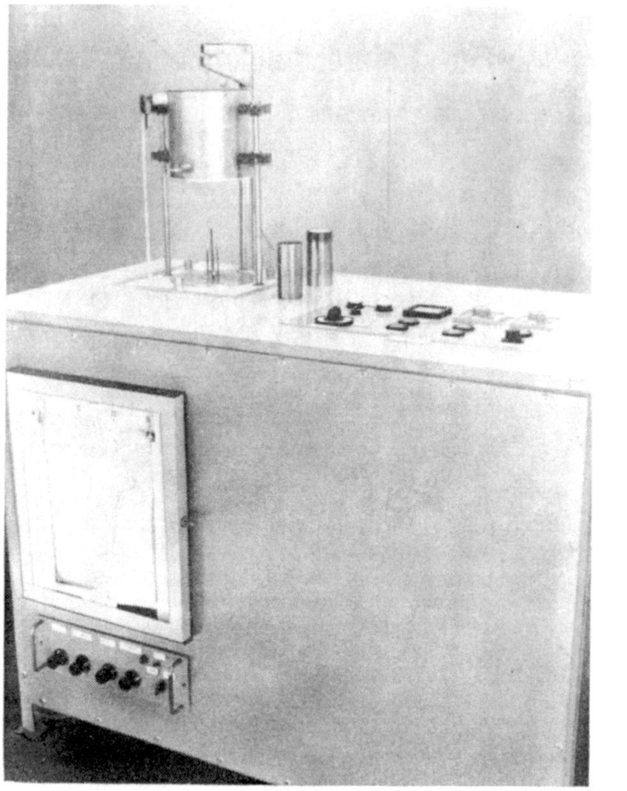

Bild 3. Gesamtansicht des entwickleten DTA-Gerätes

Der Ofen besitzt eine Heizleistung von 700 W bei 220 V Spannung und ist in Form eines Keramikzylinders ausgebildet. Senkrecht im Keramikzylinder laufen Kantalheizspiralen. Der Keramikzylinder ist nach außen durch Asbestringe isoliert, die von einem VA-Blech als Außenwandung gehaltert werden. Weiterhin ist in dem Keramikzylinder ein Pt-100 eingebaut, das über den später zu beschreibenden Steuermechanismus die isotherme Fahrweise des Meßkopfes gestattet. Der ganze Ofen wird zwischen zwei Führungsstäben gelagert und mit einem Gegengewicht versehen. Das Gegengewicht gestattet ein leichtes Hochfahren des Ofens und sein Verharren in der eingestellten Höhe (Bild 3).

2.3. Steuervorrichtung des Gerätes

Für die theoretische Deutung der DTA ist es von großer Wichtigkeit, eine lineare Aufheizung der im Meßkopf befindlichen Proben- und Inertsubstanz zu realisieren. In dem entwickelten Gerät wird die lineare Aufheizung nach einem einfachen Prinzip [13] verwirklicht.

Das Grundprinzip beruht auf einer in Abhängigkeit von der Zeit variabel gestaltbaren (linearen) Erhöhung der beliebig einstellbaren Anfangs-Heizspannung des Ofens. Mittels dieses Steuerprinzips ist es möglich, alle in der DTA üblichen Aufheizgeschwindigkeiten (1 grd min^{-1} bis 20 grd min^{-1}) zu erzielen. Die schaltungstechsche Lösung desPrinzips ist in dem folgenden Stromlaufplan dargestellt (Bild 4).

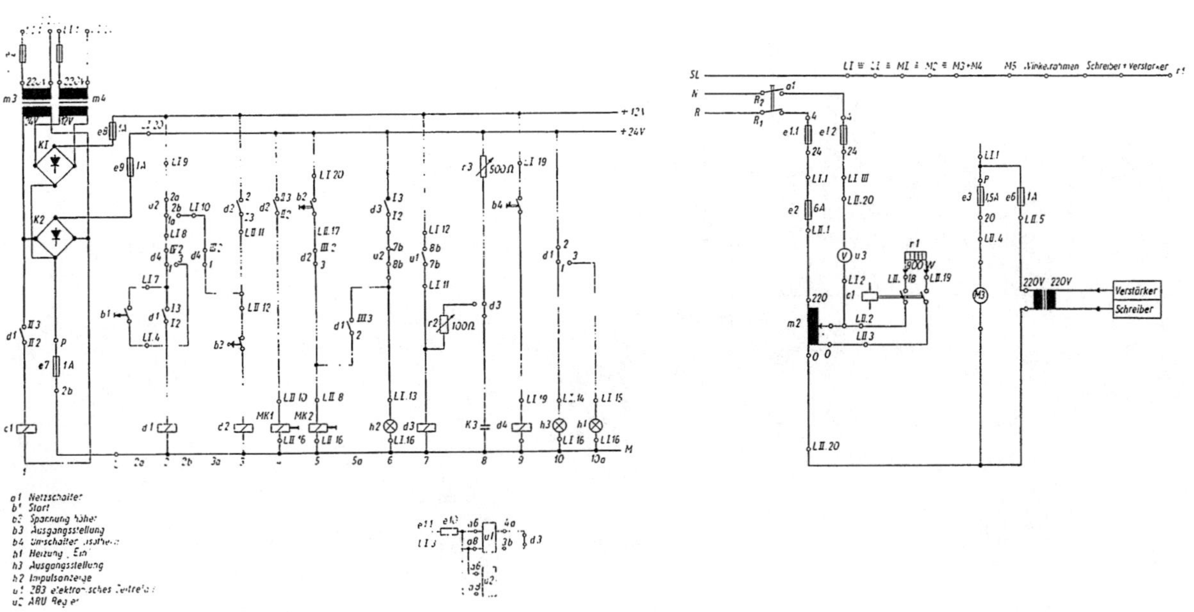

Bild 4. Stromlaufplan zur Steuervorrichtung des DTA-Gerätes

Erläuterung des Stromlaufplanes

Die Temperatur des Meßkopfes und damit der lineare Anstieg der Temperatur wird durch eine kontinuierliche Spannungsänderung bzw. bei isothermer Fahrweise über einen Zweipunktregler des Types ARU 60-4 vom VEB Wetron Weida geregelt. Das Gerät wird mit a1 zweipolig eingeschaltet. Der Motor m3 läuft sofort an. Die Schaltungskombination U1 (Zeit-Baustein) und d3 (abfallverzögertes Relais) erzeugen Impulse, die durch h3 angezeigt werden. Die Impulspausen können am Zeitbaustein (U1) gewählt werden. Die Impulszeit läßt sich an r2 verändern. Die Impulserzeugung erfolgt folgendermaßen:

Nach der an U1 eingestellten Zeit steuert U1 im Pfad 7 d3 an. Das Relais d3 öffnet mittels Öffner am U1 an den Klemmen 4a, 3b. U1 geht somit auf Ausgangsspannung zurück. Der Kondensator K3 ist über r3 aufgeladen worden. Der im Pfad 8 liegende Wechsler von d3 bewirkt, daß bei Ansteuerung von d3 der Kondensator K3 über r2 und d3 entladen wird. Der Vorgang bewirkt die Abfallverzögerung von d3. Nach dem Abfall von d3 wiederholen sich die Vorgänge periodisch.

Lineare Fahrweise des Gerätes

Taster b4 bleibt geöffnet. Mit b2 wird Mk2 angesteuert. Mk2 kuppelt M3 an die Verstellung des Schleifers von m2. Nach Erreichen der gewünschten Anfangsspannung an U3 wird mit Taster b1 das Gerät gestartet, b1 steuert d1 an und d1 hält sich durch Schließen im Pfad 2.

C1 wird durch d1 angesteuert und schaltet die Meßkopfheizung r1 ein. Im Pfad 5a schließt d1 und die von d3 auf h2 geschalteten Impulse steuern Mk2. Die Ausgangsspannung von m2 wird in Abhängigkeit von der Temperatur linear hochgefahren. Bei Erreichen der auf U2 eingestellten Temperatur öffnet U2 im Strompfad 6. Mk2 erhält keine Impulse mehr. Im Pfad 2 schaltet U2 d1 ab und steuert d2 an; d2 wiederum Mk1 und Mk1 kuppelt m3 an die Schleiferverstellung von m2. Jetzt wird m2 auf die Ausgangsstellung zurückgefahren. Endschalter b3 schaltet im Pfad 3 d2 ab, d2 öffnet im Pfad 4 und schaltet damit Mk1 ab.

Isotherme Fahrweise

Die Anfangsspannung wird wie unter dem Punkt „lineare Fahrweise", eingestellt. Das Gerät wird mit b4 gestartet; b4 steuert d4 an und d4 überbrückt im Pfad die Selbsthalterung von d1, somit d1 ansteuernd. Im Pfad 3a öffnet d4 und verhindert damit die Ansteuerung von d2. M2 wird wie unter dem Punkt „lineare Fahrweise", hochgesteuert. Bei erreichter Temperatur übernimmt U2 die Regelung der Meßkopfheizung (r1). U2 schaltet d1 zu bzw. ab. Der Istwert des Meßkopfes wird durch ein Pt-100 vom Meßkopf auf U2 zurückgeführt.

2.4. Verstärker- und Registriereinrichtung

Die Thermospannungsdifferenzen der gegeneinander geschaltenen Thermoelementpaare und die Thermospannung des die Temperatur anzeigenden Elementes müssen verstärkt bzw. registriert werden.

Die Höhe der zu verstärkenden Differenzspannungen variiert zwischen 20 µV und 500 µV je nach Problematik und damit auftretender Wärmetönung. Das erfordert eine Einstellbarkeit der Verstärkung. Der Zwillingsverstärker ist deshalb so ausgelegt, daß das erste ΔT-Signal stufenweise verstärkt wird, während das zweite ΔT-Signal zwecks optimaler Anpassung beider DTA-Kurven stufenlos regelbar ist. Das ΔT-Signal wird bei maximaler Verstärkung um den Faktor 30 verstärkt. Mittels separater Potentiometer zu jedem Verstärker läßt sich der Nullpunkt an jede gewünschte Stelle des Schreibers stellen. Die Schaltung des Verstärkers ist in Bild 5 dargestellt. Kernstück des Verstärkers ist die Differentialverstärkerstufe. Die nachfolgende Kollektorstufe weist einen hohen Eingangswiderstand auf und verhindert so Rückwirkungen auf die Differenzstufe. Wie ersichtlich, erfolgt die Nullpunkteinstellung in der Differenzstufe, während die Verstärkereinstellung in der Kollektorstufe (Trennstufe) realisiert wird. Die Transistoren sind Si-n-p-n-Transistoren, wobei sowohl Verstärkerstufe als auch

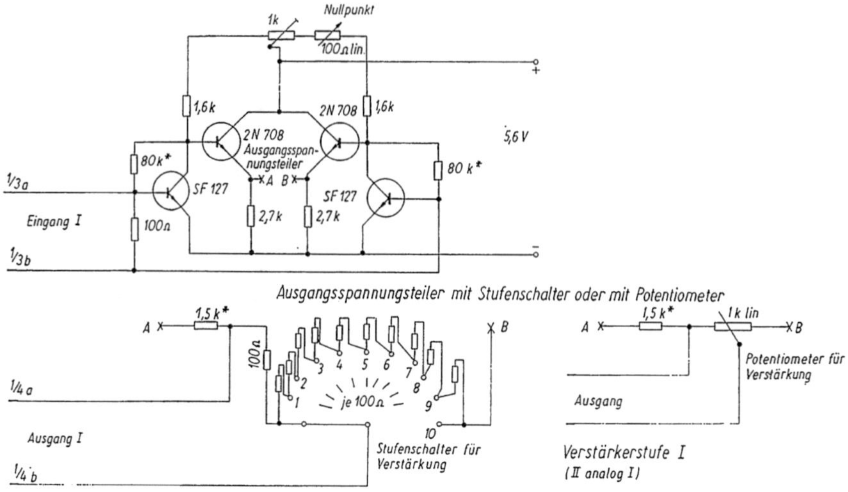

Bild 5. Schaltung des Verstärkerteiles des DTA-Gerätes

Trennstufe ein ausgemessenes Pärchen besitzen. Die Gegenkopplung dient der Unterdrückung der Nullpunktdrift. Die Stabilität des Verstärkers wird mittels Zehnerdioden in Kaskadenschaltung erreicht. Der gesamte Zwillingsverstärker ist als Einschub ausgeführt (Bild 3). Zur Einstellung des Temperaturbereiches hinsichtlich der optimalen Nutzung der Schreiberbreite ist weiterhin im Einschub die Meßbereichsumschaltung eingebaut. Zur Messung der Temperatur wird ein Thermoelement eines der beiden Elementenpaare verwendet; das gegengeschaltete Element taucht in ein Eis/Wasser-Bad. Für die Temperaturanzeige lassen sich die folgenden Bereiche einstellen:

Bereich 1	0 bis 150 °C,
Bereich 2	0 ,, 240 °C,
Bereich 3	0 ,, 300 °C,
Bereich 4	0 ,, 450 °C.

Im Anschlußteil des Schreibers ist weiterhin ein Umschalter angebracht. Damit wird die genannte Schreiberbelegung möglich.

A) Schreibermeßstelle 1 — Temperatur-Meßkopf,
,, 2 — Verstärker 1,
,, 3 — Verstärker 2;

B) Schreibermeßstelle 1 — Temperatur-Meßkopf,
,, 2 — Verstärker 2,
,, 3 — Verstärker 2.

Als Schreiber wird ein Gerät der Firma VEB Meßgerätewerke „Erich Weinert", Magdeburg eingesetzt. Dieser Schreiber ist ein Dreipunktschreiber, der alle 2,5 s eine Meßstelle ansteuert.

Der Papiervorschub des Schreibers kann entsprechend der Einstellmöglichkeiten variiert werden und wird der jeweiligen Untersuchungsproblematik angepaßt.

3. *Eichung und Fehlerbetrachtung zum Gerät*

Das Gerät mit den Funktionseinheiten Meßkopf mit Ofen, Steuerung und Verstärker- mit Registriergerät muß mit großer Genauigkeit Untersuchungen an Hochpolymeren gewährleisten. Eine Fehlerbetrachtung allgemeiner Art zum Gerät ist nicht möglich. Der Untersuchungsfehler in der Differentialthermoanalyse ist in starkem Maße von der Untersuchungsproblematik abhängig. So ist die Reproduzierbarkeit kalorischer Größen (Schmelzen, Kristallisieren) u. a. von der Intensität der Umwandlungspeaks abhängig. Bei heterogenen Reaktionen, wie Oxydationen, treten zusätzliche Fehlerquellen durch Diffusionsprobleme des Sauerstoffs oder der Zersetzungsprodukte auf.

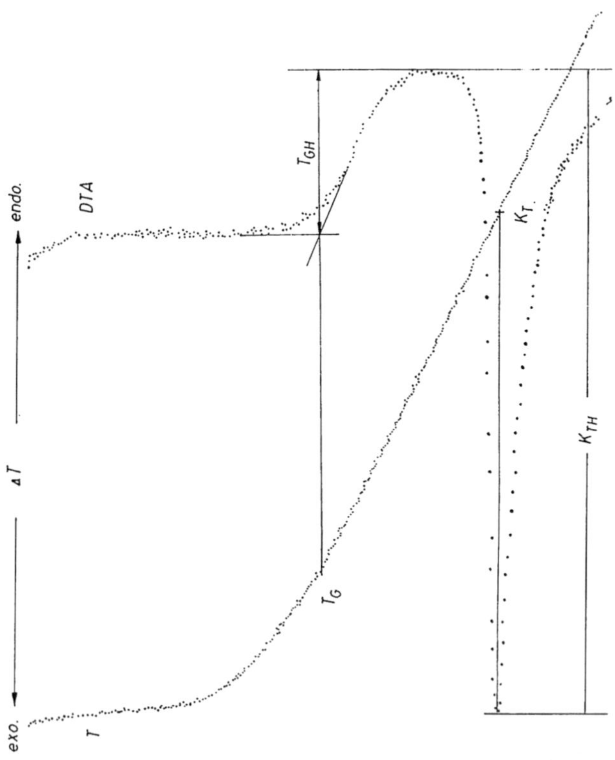

Bild 6. Thermogramm eines amorphen PÄT-Granulates bis 150 °C

T_G = Lage des Glasumwandlungspunktes
T_{GH} = Intensität des Glasumwandlungspunktes
K_T = Lage des Kaltkristallisationspeaks
K_{TH} = Intensität des Kaltkristallisationspeaks

Tabelle 1. Lage und Intensität der Glasumwandlungspunkte und Kaltkristallisationspeaks von amorphen PÄT-Proben

	T_{GH} cm	T °C	T_{KH} cm	T_K °C
Probe 1				
$\bar{x}$	4,98	46,3	16,5	108
σ	0,326	0,518	0,24	0,22
v in %	6,5	1,12	1,47	0,12
Probe 2				
$\bar{x}$	4,52	68,0	15,32	125,9
σ	0,25	0,63	0,15	0,79
v in %	5,5	0,93	0,98	0,63
Probe 3				
$\bar{x}$	4,8	67,2	17,8	120,0
σ	0,79	2,81	0,29	1,47
v in %	16,4	4,18	1,63	1,23
Probe 4				
$\bar{x}$	4,7	47,5	15,8	107,3
σ	0,27	1,16	0,28	2,09
v in %	5,76	2,43	1,77	1,93
Probe 5				
$\bar{x}$	4,5	52,8	17,4	113,0
σ	0,14	0,37	0,25	0,07
v in %	3,12	0,70	1,43	0,06

Aufnahmebedingungen amEigenbaugerät
Einwaage: 200 mg
Aufheizgeschwindigkeit: 4,3 grd/min^{-1}
Verstärkung: 9
Teilchengröße: 1,0 bis 1,6 mm
stationäre Luft

Der Fehlerrechnung in Tabelle 1 liegen jeweils 6 Einzelwerte zugrunde.

Am Beispiel des Glasumwandlungspunktes und des Kaltkristallisationspeaks von modif. Polyäthylenterephthalat (PÄT) haben wir die Leistungsfähigkeit des Gerätes getestet. Zur Veranschaulichung der in Tabelle 1 dargestellten Ergebnisse ist in Bild 6 ein Thermogramm eines amorphen PÄT-Granulates dargestellt. In die Fehlerbetrachtung wurden sowohl die Intensität als auch die Lage beider Effekte einbezogen. Die Lage des Glasumwandlungspunktes (T_G) ist als Schnittpunkt der Wendetangente mit der Verlängerung der Grundlinie definiert (Bild 6).

Der Tabelle 1 kann entnommen werden, daß das Gerät reproduzierbare Untersuchungen an Hochpolymeren gestattet. Es ist ferner deutlich der Einfluß der Untersuchungsproblematik auf den Variationskoeffizienten zu erkennen. Während die Messungen der Intensitäten der Glasumwandlungspunkte mit einem relativ hohen Fehler behaftet sind ($V \approx 5\%$), weisen die Messungen hinsichtlich der Temperaturbestimmung und der Intensität des Kaltkristallisationspeaks eine gute Reproduzierbarkeit aus. (Die relativ großen Variationskoeffizienten der Probe 3 sind wesentlich auf Inhomogenitäten des Probenmaterials zurückzuführen.)

4. *Zusammenfassung*

Ausgehend von der Notwendigkeit der Untersuchung des thermischen Verhaltens hochpolymerer Stoffe wurde ein Differentialthermoanalysengerät entwickelt. Das Gerät gestattet simultane Aufnahmen, Aufnahmen unter definierter Atmosphäre und unter Vakuum. Es ermöglicht eine isotherme Arbeitsweise; gasförmige Zersetzungsprodukte können mittels IR- oder Gaschromatographie untersucht werden. Die Funktionseinheiten des Gerätes wie der Meßkopf mit dem Ofen, die Steuervorrichtung und die Verstärkereinheit mit Anzeige sind beschrieben worden. Am Beispiel des Glasumwandlungspunktes und des Kaltkristallisationspeaks von Polyäthylenterephthalat wurde die Leistungsfähigkeit des Gerätes hinsichtlich Empfindlichkeit und Reproduzierbarkeit demonstriert.

Für den Bau der Steuereinheit und der Verstärkervorrichtungen sowie viele Anregungen danken wir den Herren *A. Dostmann* und *G. Nuglisch.*

Literatur

[1] *Chiu, J.*: Thermal analysis of high polymers: Differential thermal analysis and dynamic electrothermal analysis. J. Polymer Sci., C: Polymer Symposia (1965) 8, S. 27—40.

[2] *Ayres, W. M.*, und *Bens, E. M.*: Studies by differential thermal analysis with simultanous study of escapely gases. Analytic. Chem. **33** (1961) S. 568—572.

[3] *Keil, G.*: Meßgerät zur Differentialthermoanalyse von Kunststoffen. Kunststoffe **55** (1965) 10, S. 797—798.

[4] *Jakobasch, H. J.*: Feinstrukturuntersuchungen an PA 6 und PÄT unter besonderer Berücksichtigung der Differentialthermoanalyse. Dissertation TU-Dresden 1966.

[5] *Ke, B.*: Differential thermal analysis of high polymers. VI. Comments on some material and experimental factors. J. Polymer Sci., A-1: Polymer. Chem. (1963) S. 1453—1463.

[6] *Wunderlich, B.*, und *Bodily, D. M.*: Dynamic differential thermal analysis of the glass transition interval. J. Polymer Sci., C: Polymer Symposia (1964) 6, S. 137 bis 148.

[7] *Gömory, I.*, und *Čech, K.*: Eine neue Methode zur Messung der Induktionsperiode der Oxydation von Polymeren. J. thermal Analysis, Budapest/London **3** (1971) S. 57—62.

[8] *Berger, W.*, und *Otto, C.*: Ein Beitrag zur Beurteilung der thermooxydativen Schutzwirkung von Polyäthylenterephthalat-Spinnpräparationen. Faserforsch. u. Textiltechnik **22** (1971) 9, S. 467—468.

[9] *Smother, W. J.*, und *Chiang, Y.*: Handbook of Differential Thermal Analysis. New York: Chemical Publishing Comp. 1966.

[10] *Slade, P. E., jr.*, und *Jenkins, L. D.*: Techniques and Methods of Polymer Evalution. Vol. 1: Thermal Analysis. New York: Marcel Dekker 1966.

[11] *Wendlandt, W. Wm.*: Chemical Analysis. Vol. XIX: Thermal Methods of Analysis. New York/London/ Sydney: Interscience Publ. 1964.

[12] *Schultze, D.*: Physikalisch-chemische Trenn- und Meßmethoden. Bd. 14: Differentialthermoanalyse. Berlin: Dt. Verlag der Wissensch. 1969.

[13] *Coste, J.*: Anwendung der Differentialthermoanalyse zur Untersuchung von Hochpolymeren. Ind. plastique mod. **9** (1957) 4, S. 37—8—41—2.

Eingegangen am 11. Juli 1973

Neue Bücher

Instrumental Analysis of Cotton Cellulose and Modified Cotton Cellulose. Hgg. von *Robert T. O'Connor.* (Fiber Science Series. Hgg. von *L. Rebenfeld.*) New York: Marcel Dekker, 1972. X, 490 S. Lwd. $ 29,50.

Instrumentelle Methoden erlangen im analytischen Labor eine zunehmende Bedeutung, da sie schnellere, zuverlässigere und letzten Endes auch billigere Ergebnisse liefern als die klassischen analytisch-chemischen Verfahren. Andererseits erfordern sie spezielle Kenntnisse, um die Geräte zweckmäßig einzusetzen und die Meßergebnisse optimal zu nutzen. Im vorliegenden Buch will der Herausgeber die wichtigsten instrumentellen Methoden vorstellen, die in der Baumwoll- und Textilindustrie zur Erforschung und Charakterisierung des Rohstoffs eingesetzt werden. Er konnte für dieses Vorhaben eine Reihe von Fachleuten gewinnen, die überwiegend aus dem Baumwollforschungsinstitut in New Orleans kommen. Die einzelnen Kapitel sind so aufgebaut, daß zunächst die Methoden unter Weglassung der theoretischen Grundlagen kurz vorgestellt werden; die experimentelle Technik wird sowohl im Hinblick auf die Geräteausstattung als auch hinsichtlich der Präparationsverfahren beschrieben, und schließlich wird auf Ergebnisse an Baumwolle und anderen Celluloseprodukten eingegangen.

Im ersten Kapitel befaßt sich *R. T. O'Connor* mit der Elementaranalyse. Im einzelnen werden die Röntgenfluoreszenz, die Emissionsspektrometrie und die Atomabsorptionsspektrometrie behandelt. Die Methoden werden hinsichtlich der Kosten, des Zeitaufwandes und der Nachweisempfindlichkeit untereinander verglichen. Weiter wird ein Überblick über die Anwendungsmöglichkeiten der bisher weniger verbreiteten Methoden, wie Neutronenaktivierungsanalyse, ESCA, Augerspektroskopie, gegeben. *C. Y. Liang* beschreibt in dem Kapitel über die Ultrarotspektroskopie und die physikalischen Eigenschaften der Cellulose die Verfahren zur Herstellung deuterierter und orientierter Proben, die Bandenzuordnung im Spektrum der Cellulose I und Cellulose II, die Wasserstoffbrückenbindungen der Cellulose sowie die spektroskopischen Verfahren zur Untersuchung des Kristallisationsgrades, der Accessibilität und der relativen Anteile der verschiedenen Strukturmodifikationen. In den von *M. L. Rollins* u. Mitarb. verfaßten Kapiteln über die Lichtmikroskopie und Elektronenmikroskopie wird ausführlich auf die experimentelle Technik eingegangen. Neben den Standardverfahren und Präparationstechniken werden auch spezielle Methoden wie die Fluoreszenzmikroskopie, Phasenkontrastverfahren und Scanningelektronenmikroskopie behandelt. *P. K. Chatterjee* und *R. F. Schwenker* beschreiben in dem Kapitel über die instrumentellen Methoden zur Untersuchung der Oxydation, Abbau und Pyrolyse der Cellulose den Einsatz der Gaschromatographie, Massenspektrometrie, Thermoanalyse und einiger weiterer Methoden zur Aufklärung der Reaktionsmechanismen. *V. W. Tripp* und *C. M. Conrad* behandeln die Bestimmung der Kristallstruktur, des Ordnungsgrades und der Orientierung mit Hilfe der Röntgenbeugung. In einem kurzen Kapitel über die magnetische Breitlinienkernresonanz gehen *R. A. Pittman* und *V. W. Tripp* hauptsächlich auf die Untersuchung des absorbierten Wassers ein. Das letzte Kapitel hat nochmals die Ultrarotspektroskopie zum Inhalt. Hier behandelt *R. T. O'Connor* die spektroskopische Analytik von chemisch modifizierter Baumwolle und die Analyse von Mischungen der Baumwolle mit anderen natürlichen und synthetischen Faserstoffen.

Da keine der beschriebenen Methoden speziell für die Baumwollforschung entwickelt wurde und die Autoren auch auf allgemeinere methodische Probleme eingehen, ist das Buch nicht nur für ein sehr spezielles Arbeitsgebiet von Interesse. Es kann vielmehr jedem in der Celluloseforschung und auch darüber hinaus tätigen Wissenschaftler wertvolle Hinweise über die Einsatzmöglichkeiten instrumenteller Methoden in der Analytik geben. An jedes Kapitel schließt sich ein Literaturverzeichnis an, in dem aber vorwiegend amerikanische Arbeiten berücksichtigt werden, so daß nicht immer ein vollständiger Überblick über den Entwicklungsstand der Methode vermittelt wird. *J. Dechant*

Mechanical Properties of Solid Polymers. Von *I. M. Ward.* London / New York / Sydney / Toronto: Wiley-Interscience 1971. XV, 375 S. Kunststeinb. £ 7,00.

Das Buch behandelt in 12 in sich abgeschlossenen Kapiteln das gesamte Gebiet der mechanischen Eigenschaften polymerer Festkörper. Es stellt eine erweiterte Fassung des Textes für die Vorlesungen dar, die der Autor für Studenten der Werkstoffwissenschaften zwischen 1965 und 1970 an der Universität Bristol gehalten hat. Daraus ergibt sich auch die unterschiedliche didaktische Behandlungsweise der einzelnen Kapitel, je nachdem, ob sie bereits allgemein anerkannte Gegebenheiten schildern oder einen Überblick über die neueren Fortschritte darstellen.

Im ersten Kapitel wird auf 14 Seiten eine kurze Übersicht über „Die Struktur der Polymeren" unter Berücksichtigung chemischer und physikalischer Aspekte gegeben (12 Lit.).

„Allgemeine Betrachtungen zu den mechanischen Eigenschaften von Polymeren" enthält auf ebenfalls 14 Seiten das zweite Kapitel, und zwar zu den unterschiedlichen Arten des mechanischen Verhaltens, dem elastischen Festkörper und dem Verhalten von Polymeren, der Spannung und Dehnung sowie dem verallgemeinerten *Hooke*schen Gesetz (2 Lit.).

Das dritte Kapitel gilt dem „Verhalten der Polymeren im kautschukelastischen Zustand". In ihm werden für große Dehnungen die verallgemeinerte Definition der Dehnung und der Spannungskomponenten, ihre Beziehungen zueinander, die Anwendung einer Dehnungsenergiefunktion sowie experimentelle Studien des elastischen Verhaltens von Gummi auf 32 Seiten behandelt (9 Lit.).

„Die statistischen Molekulartheorien des kautschukelastischen Zustandes" sind im Kapitel 4 beschrieben. Auf 16 Seiten wird auf thermodynamische Betrachtungen, auf den Beitrag der inneren Energie zur Gummielastizität und auf die molekulare Interpretation der Glieder höherer Ordnung in der Dehnungsenergiefunktion eingegangen (33 Lit.).

Im fünften Kapitel wird das „Linear viskoelastische Verhalten" auf 33 Seiten abgehandelt (6 Lit.). Nach einer allgemeinen Übersicht werden die mathematische Behandlung des viskoelastischen Verhaltens unter Berücksichtigung des Superpositionsprinzips, der mechanischen Modelle und der Spektren für das Kriechen sowie die Spannungsrelaxation besprochen, weiter der komplexe Modul und die komplexe Nachgiebigkeit aus dynamischen mechanischen Messungen, die Beziehungen zwischen komplexen Moduli und dem Spannungsrelaxationsmodul sowie die als Dehnungsquotient definierte, dimensionslose „Relaxationsstärke" diskutiert.

Für „Die Messung des viskoelastischen Verhaltens" werden im folgenden Kapitel auf 23 Seiten die Methoden und Geräte beschrieben. Im einzelnen sind dies die Sprungmethoden für Kriechen und Relaxation bei Zug- und Torsionsbeanspruchung, die freien Torsionsschwingungen, die Resonanz-Biegeschwingungen, die Nichtresonanzmethoden bei Zugbeanspruchung im mittleren Frequenzbereich und die Wellenausbreitungsmethoden (29 Lit.).

Das Kapitel 7 hat „Experimentelle Studien des linearen viskoelastischen Verhaltens von Polymeren" zum Inhalt. Auf 33 Seiten werden in einer allgemeinen Einführung amorphe und kristalline Polymere und die Temperaturabhängigkeit sowie weiter die Zeit-Temperatur-Äquivalenz und die Superposition, die Platzwechseltheorien, die *Williams/Landel/Ferry*-Gleichung und ihre Beziehung zu verschiedenen Theorien und schließlich die auf der Bewegung isolierter, flexibler Ketten beruhenden Theorien diskutiert (132 Lit.).

Auf die „Umwandlungspunkte der Relaxation und ihre Beziehung zur Molekularstruktur" wird im Kapitel 8 eingegangen. Nach allgemeinen Gesichtspunkten zu diesem Komplex folgen eine detaillierte Diskussion der Glasumwandlung in amorphen Polymeren, der Verdrehungsmechanismus der sekundären Relaxation und die Umwandlungspunkte in kristallinen Polymeren für verschiedene konkrete Polymere als Beispiele (30 Seiten, 35 Lit.).

Im Kapitel 9 wird „Das nichtlineare viskoelastische Verhalten" behandelt. Das Gebiet wird auf 29 Seiten aus der

Joachim Brämer 70 Jahre

Am 5. November 1973 begeht unser langjähriger Schriftleiter, *Joachim Brämer*, seinen 70. Geburtstag. Dies gibt dem Herausgeber-Kollektiv Gelegenheit, die einmaligen Verdienste des Jubilars um unsere seit 1950 erscheinende Zeitschrift zu würdigen und ihm Dank zu sagen für sein auch heute noch unermüdliches Wirken bei der niveauvollen Gestaltung der *Faserforschung und Textiltechnik*.

Als vor nahezu 25 Jahren *Erich Correns* und *Walter Frenzel* daran gingen, eine wissenschaftlich-technische Zeitschrift für die Chemiefaser- und Textilindustrie ins Leben zu rufen, war es *Joachim Brämer*, der die Begründer der Zeitschrift mit nie erlahmender Energie bei der Überwindung zeitbedingter Anlaufschwierigkeiten vielfältigster Art besonders erfolgreich unterstützte. Auch hatte er sich schnell die Konzeption der Begründer und Herausgeber zu eigen gemacht, die er bis zum heutigen Tage auf seinem Teilgebiet konsequent beibehalten hat. Besonders positiv wirkten sich bei der Gestaltung der *Faserforschung und Textiltechnik Joachim Brämers* hervorragendes Schriftleiter-Können, seine Geradlinigkeit und seine vielseitigen Erfahrungen aus. Dabei spielte eine große Rolle *Brämers* Geschick im Umgang mit den Autoren und Herausgebern bzw. Gutachtern der Zeitschrift.

Die Tätigkeit *Joachim Brämers* war aber ebenso erfolgreich bei der Sammlung und Aufbereitung der einschlägigen Fachliteratur, was sich z. B. in der Referatekartei „Faserstoffe und Textiltechnik", in der Literatur- und Patentschau der *Faserforschung und Textiltechnik* niederschlug. Anläßlich seines 65. Geburtstages und seines Ausscheidens aus der von ihm geleiteten Abteilung „Wissenschaftliches Berichtswesen" des Institutes für Faserstoff-Forschung (dem heutigen Institut für Polymerenchemie der Akademie der Wissenschaften der DDR) wurden gerade diese Leistungen besonders gewürdigt (Faserforsch. u. Textiltechnik **19** (1968) 11, S. 489—490).

Joachim Brämer hat aber auch wesentlich dazu beigetragen, daß der wissenschaftliche Fundus aus den uns befreundeten sozialistischen Ländern in deutscher Übersetzung unseren Fachleuten zugänglich wurde. Ganz besonders ist in diesem Zusammenhang seine erfolgreiche Schriftleitertätigkeit bei der nun schon zehn Jahre erscheinenden Übersetzungszeitschrift *Sowjetische Beiträge zur Faserforschung und Textiltechnik in deutscher Übersetzung* hervorzuheben. Auch hier galt es, zusammen mit den Herausgebern mancherlei Schwierigkeiten zu überwinden und eine Organisation aufzubauen, die die repräsentative Stoffauswahl, die Übersetzung und deren Überarbeitung durch zuständige Wissenschaftler reibungslos und möglichst schnell gewährleistete. Abgesehen vom hohen Informationswert dieser Übersetzungszeitschrift ist ganz besonders deren völkerverbindende Ausstrahlung hervorzuheben.

Das hohe Verantwortungsbewußtsein *Joachim Brämers* gegenüber der *Faserforschung und Textiltechnik* kommt nicht zuletzt darin zum Ausdruck, daß er rechtzeitig für Schriftleiternachwuchs sorgte und nun bestrebt ist, diesem seine langjährigen Erfahrungen zu vermitteln und darauf zu achten, daß die in vielen Jahren bewährte Konzeption beibehalten wird. Die Herausgeber danken ihm auch hierfür und wünschen dem Jubilar, daß er noch recht lange bei bester Gesundheit mit Rat und Tat „seine" Zeitschrift unterstützen kann, und daß er auch einen schönen Lebensabend im Kreise seiner Familie vor sich hat.

Im Namen der Herausgeber

Wolfgang Bobeth

Neue Bücher (Forts.)

Sicht des Anwendungsingenieurs, des Rheologen und aus molekularer Sicht besprochen. Weiter werden eine formale Ausdehnung des Superpositionsprinzips und 27 Literaturhinweise gegeben.

„Das anisotrope mechanische Verhalten" ist in dem mit 45 Seiten sehr umfangreichen Kapitel 10 des Buches abgehandelt. Für dreidimensionale Körper werden die elastischen Konstanten und ihre Messung sowie experimentelle Studien der mechanischen Anisotropie in Polymeren behandelt, wobei die Reduzierung auf zwei- und eindimensionale Körper (Folien und Monofilfäden) ebenfalls Berücksichtigung findet. Zur Beurteilung der Korrelation der elastischen Konstanten orientierter und isotroper Polymerer wird ein Anordnungsmodell verwendet. Abschließend werden die mechanische Anisotropie von Fasern und Filmen mittlerer Molekularorientierung, die Schallgeschwindigkeit und einige andere Theorien der mechanischen Anisotropie diskutiert (58 Lit.).

Noch ausführlicher wird im elften Kapitel auf 60 Seiten und unter Berücksichtigung von 67 Literaturzitaten „Das Verhalten der Polymeren an der Streckgrenze" dargestellt. Im Zusammenhang mit einer Diskussion der Kraft-Längenänderungs-Kurve polymerer Festkörper werden die auf den Ausgangsquerschnitt bzw. den wirksamen Querschnitt bezogenen Kräfte und die damit darstellbaren Nennspannungs-Nenndehnungs- bzw. Wirkspannungs-Nenndehnungs-Kurven entwickelt. Die weiteren Betrachtungen gelten dem dealplastischen Verhalten und den verschiedenen Streckgrenzenkriterien sowie deren experimentellen Nachweis, den sich an der Streckgrenze abspielenden Prozessen, der Streckgrenze bei einfacher Scherung, dem Einfluß des hydrostatischen Druckes auf die Streckgrenze, der Abhängigkeit der Streckgrenze und des Reckprozesses von der Temperatur und der Dehnungsgeschwindigkeit sowie der molekularen Deutung der Streckgrenze, der Kaltreckung und der Deformationsbanden in orientierten Polymeren.

Das für den Anwendungsingenieur ebenfalls wichtige Kapitel 12 behandelt „Die Erscheinungen beim Bruch". Ausgehend von den Definitionen des zähen und spröden Verhaltens der Polymeren werden der spröde Bruch der Polymeren, die Ausbildung von Rissen, die Schlagfestigkeit von Polymeren, die Beschaffenheit der Bruchoberfläche in Polymeren, die Rißausbreitung, der Sprödbruch bei Spannungsimpulsen, die Zug- und Weiterreißfestigkeit von Polymeren im kautschukelastischen Zustand sowie der Einfluß von Dehnungsgeschwindigkeit und Temperatur behandelt (43 Seiten, 63 Lit.).

Das Buch endet mit einem kurzen Sachregister. Es wird nicht nur seiner vom Autor als einem der besten Kenner seines Faches zugedachten Rolle gerecht, den Studenten der Physik, Chemie, Ingenieurwissenschaften, Metallurgie und einiger verwandter Disziplinen bei der Vorbereitung auf die Prüfungen in Fragen der mechanischen Eigenschaften polymerer Festkörper eine Hilfe zu sein. Wer im Beruf steht und sich in das gesamte Gebiet oder in eines der in den 12 Kapiteln behandelten Teilgebieten neu einarbeiten will oder muß, dem kann dieses Buch mit seinem didaktisch guten Aufbau und den zielgerichteten Literaturhinweisen für ein tieferes Eindringen in den jeweils behandelten Komplex sehr empfohlen werden. *F. Winkler*

Macromolecular Chemistry — 5. Micro Lectures presented at the IV, V, and VI Microsymposia on Macromolecules, Prague, Czechoslovakia, September 1969. Union of International Pure and Applied Chemistry. Macromolecular Division in conjunction with Czechoslovak Academy of Science and Czechoslovak Chemical Society. London: Butterworths 1970, V, 229 S. Lwd. £ 6,—.

Der vorliegende Band enthält die Plenarvorträge, die auf den drei Mikrosymposien über Makromoleküle im September 1969 in Prag, ČSSR, gehalten wurden.

Hierbei stand das IV. Mikrosymposium unter dem Thema „Rheologie von Polymer-Feststoffen und konzentrierten Lösungen". Es sprachen *A. V. Tobolsky* und *E. T. Samulski* (USA) über „Feste ‚flüssig-kristalline' Filme von synthetischen Polypeptiden: ein neuer Zustand der Materie", *M. Takayanagi* (Japan) über „Einige Strukturfaktoren bei Tieftemperaturübergängen in Polymeren", *P. Thirion* und *R. Chasset* (Frankreich) über „Neue Beobachtungen über die mechanischen Eigenschaften von Polymer-Netzwerken", *F. H. Müller* (BRD) über „Kalorimetrische Untersuchungen von Deformationsprozessen", *F. R. Schwarzl* (Niederlande) „Über die wechselseitige Umwandlung von viskoelastischen Materialfunktionen" und *T. L. Smith* (USA) über „Bruchprozesse in Polymeren".

Das V. Mikrosymposium befaßte sich mit zyklischen Polymeren und deren Polymerisation. Die hier gehaltenen Plenarvorträge lauteten: „Die Rolle des Ladungsübertragungskomplexes bei der zyklischen Copolymerisation" von *G. B. Butler* (USA), „Zyklische Polymerisation von bifunktionellen Monomeren" von *C. Aso* (Japan) und „Zyklische Polymerisation von konjugierten Dienen" von *N. G. Gaylord* (USA).

„Lichtstreuung in dichten Medien — ihre Theorie und Praxis" von *G. Deželič* (Jugoslawien) und „Die Anwendung der Lichtstreuung bei der Untersuchung von bevorzugten Adsorptionseffekten in quasiternären Systemen" von *X. M. G. Cowie* (England) waren die beiden Plenarvorträge des VI. Mikrosymposiums, dessen Thematik der Lichtstreuung in der Polymer-Wissenschaft gewidmet war.

Die Vorträge im Detail zu besprechen, würde den Rahmen dieser Rezension sprengen. Summarisch sei festgestellt, daß sie zum großen Teil durchaus als in sich geschlossene Fortschrittsberichte der jeweiligen Forschungsrichtung und Thematik angesehen werden können, die auch in der nächsten Zukunft noch nichts an Aktualität eingebüßt haden werden. Damit sind diese Publikationen für anbere Bearbeiter der jeweiligen Thematik sowohl Basis als auch Unterstützung bei der Fortführung der eigenen Arbeiten. *K. Wulf*

Infrakrasnye Spektry i Struktura Polimerov (Ultrarotspektren und die Struktur von Polymeren).

Von *A. Elliott.* Übersetzung aus dem Englischen von Dr. *V. P. Panova* und Dr. *V. S. Pletneva* unter der Redaktion und mit einem Vorwort von Prof. Dr. *R. G. Šbankov.* Moskva: Mir 1972. 160 S. Brosch. 75 K.

Die Ultrarotspektroskopie gehört zu den bewährtesten Methoden zur Strukturaufklärung von Polymeren. Das Werk ist eine Übersetzung des von *A. Elliott* verfaßten Buches „Infrared Spectra and Structure of Organic Long-Chain Polymers", London 1969. *A. Elliott* behandelt grundlegende methodische Probleme der Ultrarotspektroskopie die bei der ultrarotspektroskopischen Strukturaufklärung von größter Wichtigkeit sind.

Die Übersetzung in die russische Sprache ist insofern sehr zu begrüßen, als damit eine kurzgefaßte und exakte Darstellung methodischer Probleme der Ultrarotspektroskopie, einem breiten Leserkreis zugänglich gemacht wird.

Das Werk ist in fünf Kapitel gegliedert. Die ersten beiden Kapitel behandeln allgemeine Prinzipien der Schwingungstheorie von Molekülen und apparative Probleme zur Anwendung der Methode. Im dritten Kapitel werden Grundlagen der Gruppentheorie, speziell auf Polymere zugeschnitten, vermittelt. Insbesondere wird der Begriff der Liniengruppe an praktischen Beispielen erläutert. Das vierte Kapitel beschäftigt sich mit der Anwendung polarisierter Strahlung zur Strukturaufklärung in polymeren Filmen. Die Bestimmung der Orientierung und der Kristallinität wird besonders berücksichtigt. Aus der großen Anzahl polymer-spezifischer Probleme der Ultrarotspektroskopie werden im fünften Kapitel einige wichtige etwas ausführlicher dargestellt. Dabei sind besonders Fragen der Wasserstoffbrückenbindung in Polymeren, Probleme der Amidschwingungen und der Deuteriumaustausch in Polymeren zu nennen.

Das Buch ist eine sehr gute Einführung in die Ultrarotspektroskopie von Polymeren. Die Darstellung ermöglicht es dem Leser, sich relativ schnell in die wichtigsten Probleme einzuarbeiten. Da in dem Band hauptsächlich ultrarotspektroskopische Methoden behandelt werden, spielt die durch die Übersetzung bedingte Zeitspanne gegenüber dem Erscheinen des Originaltitels keine wesentliche Rolle.

R. Danz

Patentschau

Auszug aus der Lieferung 11/12 und 13/14/1972 der Patentschau „Faserstoffe und Textiltechnik", Ausgabe A: Faserstoffe einschl. Kunststoffe und organ. Grundsubstanzen, zusammengestellt von der Abteilung Information und Dokumentation des Instituts für Polymerenchemie der AdW der DDR, 153 Teltow-Seehof, Kantstr. 55

Die Patentschau ist nach der Internationalen Patentklassifikation (IPC) gegliedert. Es bedeuten: DLP = DDR-Patent; DTP = Deutsches Bundespatent; DTA = (West)Deutsche Auslegeschrift; DTO = (West)Deutsche Offenlegungsschrift; OEP = Oesterreichisches Patent; POP = Polnisches Patent; CHP = Schweizer Patent; FRP = Französisches Patent; GBP = Britisches Patent; JAP = Japanisches Patent; SWP = Schwedisches Patent; SUP = Sowjetisches Patent; CSP = Tschechoslowakisches Patent; USP = Amerikanisches Patent; A = Anmeldedatum, O bzw. B = Tag der Ausgabe der Patent-, Offenlegungs- bzw. Auslegeschrift.

Sektion B. Arbeitsverfahren

B 54. Fördern, Packen, Lagern; Handhaben dünner oder fadenförmiger Werkstoffe

B 65h, Behandeln von dünnen oder fadenförmigem Gut, z. B. Folien, Gewebe Kabel

SUP 366144 (Urheberschein). Spannungsregler für aufzuwickelndes Fadenmaterial. Erf.: *A. M. Platonov, I. Ju. Fridman* u. 4 weitere. A. 24. 5. 71, B. 16. 1. 73. Int. Kl.: B 65h 59/16. A.-Z.: 1661351/28–12.

DLP 95079. Streckzwirnhülse in Leichtbauweise. Erf. u. Inh.: *Karlheinz Wenke, Paul Stärk, Edith Ott* u. *Heinz Eckardt.* A. 13. 3. 72, B. 12. 1. 73. Kl.: 29a, 6/13, Int. Kl.: B 65h 75/10. A.-Z.: WP B 65h/161490.

SUP 365320 (Urheberschein). Kanne für Faserband. Erf.: *M. I. Chudych, V. V. Evdokimov* u. *K. E. Mal'mberg.* A. 4. 2. 71, B. 8. 1. 73. Int. Kl.: B 65h 75/10. A.-Z.: 1643076/28–12.

Sektion C. Chemie und Metallurgie

CHEMIE

C 01 Anorganische Chemie

C 01b. Anorganische Chemie.

JAP 7208778. Aus Polyacrylnitril hergestellte Kohlenstoffäden mit hoher Festigkeit und Elastizität. Erf.: *Hidehiko Kobayashi* u. *Chihiro Ohzumi.* Inh.: Asahi Chemical Industry Co. Ltd. A. 23. 12. 68, B. 14. 3. 72. Int. Kl.: C 01b. A.-Z.: 6993680.

JAP 7218526. Geformte Kohlenstoffprodukte durch Erhitzen einer Mischung aus kondensierten Aromaten und organischen Polymeren. Erf.: *Kiyoshi Yamaki, Tadashi Araki* u. *Noboru Ohyama.* Inh.: Kureha Chemical Industry Co. Ltd. A. 14. 8. 67, B. 29. 5. 72. Int. Kl.: C 01b. A.-Z.: 6752095.

JAP 7221904. Kohlenstoffäden. Erf.: *Tsutomu Kimura* u. *Hidehiro Fukuda.* Inh.: Kanebo Co. Ltd. A. 30. 9. 69, B. 20. 6. 72. Int. Kl.: C 01b. A.-Z.: 6978353. Entspr. DTO 2038949.

JAP 7222679. Oberflächenaktivierung von Kohlenstoffäden. Erf.: *Hitoshi Yamada* u. *Tadashi Araki.* Inh.: Kureha Chemical Industry Co. Ltd. A. 12. 3. 70, B. 24. 6. 72. Int. Kl.: D 01m, C 01b. A.-Z.: 7021018.

JAP 7224973 Graphitisierung von Kohlenstoffäden. Erf.: *Toshitake Norita* u. *Kiyokazu Shinjo.* Inh.: Toray Industries, Inc. A. 8. 4. 70, B. 8. 7. 72. Int. Kl.: C 01b. A.-Z.: 7029608.

JAP 7224975. Oberflächenbehandlung von Kohlenstoffäden. Erf.: *Yoshio Kinoshita, Keizo Ono, Kenichi Morita* u. *Junichi Matsui.* Inh.: Toray Industries, Inc. A. 9. 4. 70, B. 8. 7. 72. Int. Kl.: C 01b, D 01m. A.-Z.: 7029959.

JAP 7226965. Flammfeste Faserstoffe und Kohlenstoffaserstoffe. Erf.: *Shinsaku Tada* u. *Atsuhii Fukuda.* Inh.: Toray Industries, Inc. A. 9. 4. 70, B. 19. 7. 72. Int. Kl.: C 01b. A.-Z.: 7029969.

Patentschau

JAP 7226970. Flammfeste Bauschfäden. Erf.: *Mitsuyoshi Nishida* u. *Hiroshi Terada*. Inh.: Toray Industries, Inc. A. 10. 4. 70, B. 19. 7. 72. Int. Kl.: C 01b. A.-Z.: 7030174.

JAP 7226973. Kohlenstoff- und Graphitfaserstoffe. Erf.: *Mitsuru Nakao, Yukihiro Murakami, Shizuo Watanabe* u. *Shinsaku Tada*. Inh.: Toray Industries,Inc. A. 4. 5. 70, B. 19. 7. 72. Int. Kl.: C 01b. A.-Z.: 7037486.

C 03 Glas; Mineral- und Schlackenwolle

C 03b Herstellung, Formgebung und Nachbehandlungsverfahren

DTO 2142826. Vorrichtung für die Herstellung von Fäden aus Glas. Erf. nicht genannt. Anm.: Werner Hugo Wilhelm, Schuller, 8000 München (DT). A. 26. 8. 71, B. 15. 3. 73. Kl.: 32a, 37/02, Int. Kl.: C 03b 37/02. A.-Z.: P 2142826.

JAP 7226975. Schmelzspinnen von Metallen. Erf.: *Takuji Fukuda* u. *Michitsugu Kikuchi*. Inh.: Bridgestone Tire Co. Ltd. A. 29. 5. 70, B. 19. 7. 72. Int. Kl.: B 21f, C 03b. A.-Z.: 7045658.

C 03c Chemische Zusammensetzung von Gläsern, Glasuren oder Emails; Oberflächenbehandlung von Glas; Verbinden von Glas mit Glas oder anderen Stoffen

SUP 367062 (Urheberschein). Präparation für Glasfäden. Erf.: *Š. K. Ašratova* u. *E. A. Belebez'eva*. A. 26. 11. 70, B. 23. 1. 73. Int. Kl.: C 03c 25/02, C 03b 37/00. A.-Z.: 1494912/23-5.

C 07 Organische Chemie

C 07c Acyclische und carbocyclische Verbindungen

FRP 2142305 (B). Verfahren zur Herstellung von Methylmethacrylat. Erf.: *Albert Bouniot*. Inh.: Melle-Bezons; Glucides & Derives. A. 17. 6. 71, B. 2. 3. 73. Int. Kl.: C 07c 67/00, 69/00. A.-Z.: 7122946. Entspr. DTO 2222669.

JAP 7233328. Ungesättigte Nitrile. Erf.: *Naoya Konan, Hitoshi Nakajima, Seiji Miyata, Takashi Kobayashi, Takeo Kimura, Masazumi Teino* u. *Norio Sakurai*. Inh.: Asahi Chemical Industry Co. Ltd. A. 3. 12. 68, B. 24. 8. 72. Int. Kl.: C 07c, B 01j. A.-Z.: 6888041.

JAP 7236722. Alkylacrylate. Erf.: *Akira Yontanza, Tsuneyuki Kato, Atsushi Aoshima* u. *Kazuhiko Shinofuji*. Inh.: Asahi Chemical Industry Co. Ltd. A. 22. 12. 66, B. 14. 9. 72. Int. Kl.: C 07c. A.-Z.: 6683664.

C 07d Heterocyclische Verbindungen, die nur Sauerstoff als Heteroatom oder -atome enthalten

FRP 2137622 (B.) Verbessertes Verfahren zur Herstellung und Gewinnung von Lactamen. Inh.: Stamicarbon N. V. A. 8. 5. 72, B. 2. 2. 73. Int. Kl.: C 07d 41/00, 27/00, 29/00. A.-Z.: 7216368. Prior.: 7. 5. 71, 3. 11. 71 (NL; A.-Z.: 7106341, 7115110).

FRP 2137621 (B). Verfahren zur Abtrennung von Lactamen. Inh.: Stamicarbon N. V. A. 8. 5. 72, B. 2. 2. 73, Int. Kl.: C 07d 41/00, 27/00, 29/00. A.-Z.: 7216367. Prior.: 7. 5. 71 (NL; A.-Z.: 7106343). Entspr. DTO 2222148,

C 08 Makromolekulare Verbindungen; ihre Herstellung und chemische Verarbeitung; auf diesen Verbindungen beruhende Gemische

C 08d Synthesekautschuk

JAP 7224276. Polyestercord zur Verstärkung von Kautschuk. Erf.: *Satoshi Ohfuchi* u. *Nobuyoshi Ohhashi*. Inh.: Unitika Co. Ltd. A. 2. 7. 68, B. 5. 7. 72. Int. Kl.: B 29h, C 09j, D 06m. A.-Z.: 6846284.

C 08f Polymerisationsprodukte

DTO 2142048. Verfahren zum Herstellen von Olefin-Polymerisaten. Erf.: *Heinz Müller-Tamm, Hans Frielingsdorf, Johann Nickl, Wolfgang Gruber* u. *Erich Kolk*. Anm.: Badische Anilin- & Soda-Fabrik AG, 6700 Ludwigshafen (DT). A. 21. 8. 71, B. 1. 3. 73. Kl.: 39 b4, 1/28, Int. Kl.: C 08f 1/28. A.-Z.: P 2142048.

DTO 2142105. Verfahren zur lichtinduzierten Polymerisation olefinisch ungesättigter Monomerer mit Übergangsmetallcarbonylverbindungen als Photoinitiatoren. Erf.: *Helmut Barzynski, Franz-Josef Müller, Mong-Jon Jun* u. *Milan Velic*. Anm.: Badische Anilin- & Soda-Fabrik AG, 6700 Ludwigshafen (DT). A. 21. 8. 71, B. 1. 3. 73. Kl.: 39 b4, 1/20, Int. Kl.: C 08f 1/20. A.-Z.: P 2142105.

OEP 307725. Verfahren zur Gewinnung von Polymeren aus organischen Lösungen. Erf.: *Anacleto Clementi*. Inh.: Snam Progetti S.p.A., Mailand (IT). A. 18. 2. 71, B. 15. 9. 72. Kl.: 39b, 12, Int. Kl.: C 08f 1/92. A.-Z.: 1409/71. Prior.: 18. 2. 70 (IT; A.-Z.: 20745 A/70). Entspr. DLP 86261, DTO 2106797, CHP 520716, u. FRP 2078683.

OEP 308399. Verfahren zur Herstellung von Copolymeren. Erf.: *Salvatore Cucinella*, u. *Alessandro Mazzei*. Inh.: Snam Progetti S.p.A., Mailand (IT). A. 24. 9. 70, B. 15. 10. 72. Kl.: 39b, 12, Int. Kl.: C 08f 1/28. A.-Z. 8644/70. Prior.: 24. 9. 69 (IT; A.-Z.: 22406). Entspr. DTO 2 047060.

CHP 535796. Kontinuierliches Verfahren zur Polymerisation und Copolymerisation von Äthylen. Erf.: *Karl-Heinz Imhausen*. Inh.: IMHICO AG, Talacker 42, Zürich (CH); u. Imhausen, Karl-Heinz, Prof. Dr. sc. h.c., Hochstraße 8, Lahr (DT). A. 27. 5. 70. Int. Kl.: C 08f 1/06, 3/04,15/00. A.-Z.: 7913/70. Entspr. DTO 2113426, u. FRP 2093710.

SWP 354286. Verfahren und Vorrichtung zur kontinuierlichen Herstellung von Copolymerisat aus Äthylen und einem weiteren Alkylen. Erf.: *D. Klaassen*. Inh.: Stamicarbon N. V., Heerlen (NL). A. 11. 3. 68, B 5. 3. 73. Int. Kl.: C 08f 1/06. A.-Z.: 3215/68. Prior.: 9. 3. 67 (NL; A.-Z. 6703655). Entspr. DTO 1745492, OEP 282934, CHP 496030, FRP 1564825, u. GBP 1197375.

DLP 95684. Verfahren zum Polymerisieren eines oder mehrerer α-Olefine. Erf.: *Henricus Maria Johannes Cornelis Creemers, Renier Jozef Lambertus Graff*, u. *Hendrinus Marinus Verschoor*. Inh.: Stamicarbon N. V. (NL). A. 9. 3. 72, B. 12. 2. 73. Kl.: 39b4, 3/04, Int. Kl.: C 08f 3/04. A.-Z.: AP C 08f/161433. Prior.: 11. 3. 71 (NL; A.-Z.: 7103232). Entspr. DTO 2209874 u. FRP 2128771.

OEP 307736. Verfahren zur Herstellung von Polymeren oder Copolymeren von Vinylchlorid. Inh.: Koninklijke Industrieele Maatschappij Noury & van der Lande N. V., Deventer (NL). A. 24. 9. 71, B. 15. 9. 72. Kl.: 39b, 14, Int. Kl.: C 08f3/30. A.-Z.: 8288/71. Prior.: 25. 9. 70 (NL; A.-Z.: 7014141). Entspr. DTO 2145055 u. FRP 2112976.

FRP 96585 (Zus. z. Pat. 1583784 (Aj). A. 28. 3. 68). Verfahren zur Herstellung von Polymeren und Copolymeren des Vinylchlorids in der Masse bei tiefen Temperaturen und die dabei entstehenden Produkte. Erf.: *Marc Carrega*. Inh.: Produits Chimiques Pechiney-Saint-Gobain. A. 30. 12. 68, B. 9. 3. 73. Int. Kl.: C 08f 1/00, B 01j, C 08f 3/00, 15/00. A.-Z.: 181937. Entspr. DTO 1915786 u. USP 3573268.

FRP 2134593 (B). Verfahren zur Polymerisation von 4-Methyl-penten-1. Inh.: Stamicarbon N. V. A. 27. 4. 72, B. 12. 1. 73. Int. Kl.: C 08f 3/00 1/00, B 01j 11/00. A.-Z.: 7215045. Prior.: 28. 4. 71 (NL; A.-Z.: 7105746). Entspr. DTO 2220298.

FRP 2137705 (B). Verfahren zur Polymerisation von ungesättigten Verbindungen. Erf.: *Raffaele Ercoli, Mauro Guainazzi*, u. *Giuseppe Silvestri*. Inh.: Snam Progetti S.p.A. A. 10. 5. 72, B. 2. 2. 73. Int. Kl.: C 08f 1/00, 3/00. A.-Z.: 7216674. Prior.: 13. 5. 71 (IT; A.-Z.: 24467 A/71). Entspr. DTO 2223335.

FRP 2139996 (B). Verfahren zur Polymerisation von Propylen. Inh.: Shell Internationale Research Maatschappij N. V. A. 26. 5. 72, B. 16. 2. 73. Int. Kl.: C 08f 1/00, 3/00, 47/00. A.-Z.: 7218989. Prior.: 28. 5. 71 (NL; A.-Z.: 7107362). Entspr. DTO 2225690.

FRP 2140081 (B). Suspensionspolymerisation von Vinylchlorid. Erf.: *Eric Powell*, u. *Ross M. Kitchen*. Inh.: Gulf Oil Canada Ltd. A. 30. 5. 72, B. 16. 2. 73. Int. Kl.: C 08f 1/00, 3/00, 15/00. A.-Z.: 7219280. Prior.: 31. 5. 71 (CA; A.-Z.: 114439).

FRP 2142123 (B). Herstellung von Polyolefinen mit peroxydischen Endgruppen und ihre Anwendung für die Gewinnung von Blockcopolymeren. Erf.: *Elias Agouri, Robert Laputte*, u. *Jacques Rideau*. Inh.: Aquitaine-Total Organico. A. 14. 6. 71, B. 2. 3. 73. Int. Kl.: C 08f 1/00, 3/00, 27/00. A.-Z.: 7121468. Entspr. DTO 2228982.

FRP 2143346 (B). Verfahren zur stereospezifischen Polymerisation von α-Olefinen. Erf.: *Umberto Giannini, Antonio Cassata, Paolo Longi*, u. *Romano Mazzochi*. Inh.: Montecatini Edison S.p.A. A. 23. 6. 72, B. 9. 3. 73. Int. Kl.: C 08f 1/00, 3/00, B 01j 11/00. A.-Z.: 7222701. Prior.: 25. 6. 71 (IT; A.-Z.: 26275 A/71). Vgl. auch FRP 2143347 u. FRP 2143348. Entspr. DTO 2230672, DTO 2230728 u. DTO 2230752.

FRP 2143347 (B). Ein neues Verfahren für die stereospezifische Polymerisation von α-Olefinen. Erf.: *Umberto Giannini, Antonio Cassata, Paolo Longi*, u. *Romano Mazzochi*. Inh.: Montecatini Edison S.p.A. A. 23. 6. 72, B. 9. 3. 73. Int. Kl.: C 08f 1/00, 3/00, B 01j 11/00. A.-Z.: 7222702. Prior.: 25. 6. 71 (IT; A.-Z.: 26275 A/71). Vgl. auch FRP 2143346 u. FRP 2143348. Entspr. DTO 2230672, DTO 2230728, u. DTO 2230752.

FRP 2143348 (B). Ein neues Verfahren für die stereospezifische Polymerisation von α-Olefinen. Erf.: *Umberto Giannini, Antonio Cassata, Paolo Longi*, u. *Romano Mazzochi*. Inh.: Montecatini Edison S.p.A. A. 23. 6. 72, B. 9. 3. 73. Int. Kl.: C 08f 1/00, 3/00, B 01j 11/00. A.-Z.: 7222703. Prior.: 25. 6. 71 (IT; A.-Z.: 26275 A/71). Vgl. auch FRP 2143346 u. FRP 2143347. Entspr. DTO 2230672, DTO 2230728 u. DTO 2230752.

GBP 1308103 (Zus. z. Pat. 1124237). Polymerisation von Vinylchlorid. Inh.: Solvay & Cie. A. 3. 6. 71, B. 21. 2. 73. Kl.: C3.P, Int. Kl.: C 08f 1/04, 3/30. A.-Z.: 18797/71. Prior.: 10. 6. 70 (BE; A.-Z.: 90156). Entspr. OEP 307039 u. CHP 521388.

GBP 1309774. Olefinpolymerisation. Inh.: Montecatini Edison S.p.A. A. 24. 6. 70, B. 14. 3. 73. Kl.: C3.P, Int. Kl.: C 08f 1/42, 3/04. A.-Z.: 30620/70. Prior.: 24. 6. 69 (IT; A.-Z.: 18597). Entspr. OEP 302649 u. FRP 2051213.

GBP 1310547. Polymerisation von Olefinen. Inh.: Montecatini Edison S.p.A. A. 17. 6. 70, B. 21. 3. 73. Kl.: C3.P, Int. Kl.: C 08f 1/28, 3/04. A.-Z.: 29301/70. Prior.: 20. 6. 69, 27. 6. 69 (IT; A.-Z.: 18823). Entspr. OEP 302648 u. FRP 2052706.

USP 3630976. Verfahren zur Polymerisation von Vinylchlorid. Erf.: *Alexis Mathieu* Inh.: Solvay & Cie.,Brüssel (BE).A. 2. 5. 69, B. 28. 12. 71. Kl.: 260-92, 8W, Int. Kl.: C 08f 3/30, 1/11. 3 Anspr. A.-Z.: 821467 (Zus. z. Pat. m. A.-Z.: 483837. A. 30. 8. 65). Prior.: 9. 9. 64 (BE; A.-Z.: 2741). Entspr. FRP 1446283.

USP 3704287. Bei hohen Temperaturen reduzierter Katalysator und Verfahren. Erf.: *Robert Norman Johnson*. Inh.: Union Carbide Corp., New York, N. Y. (US). A. 17. 9. 70, B. 28. 11. 72. Kl.: 260-94, 9 DA, Int. Kl.: C 08f 1/42, 3/06. 59 Anspr. A.-Z.: 73184. Entspr. FRP 2131206.

USP 3705136. Polymere Acrylverbindungen von polycyclischen Kohlenwasserstoffen und Verfahren zur Herstellung derselben. Erf.: *John Duval Cawley*, u. *Jan Willem Hendrik Faber*. Inh.: Eastman Kodak Co., Rochester, N. Y. A. 28. 11. 69, B. 5. 12. 72. Kl.: 260-79, 7, Int. Kl.: C 08f 3/64, 3/66, 7/02. 6 Anspr. A.-Z.: 880894. Entspr. DTO 2064892.

DLP 95107. Verfahren zur verbesserten Herstellung von copolymerisierbaren Lösungen ungesättigter Sulfonate. Erf. u. Inh.: *Werner Peters Eberhard Pater, Siegfried Hartig, Bleschke Manfred*, u. *Klaus Schmidt*. A. 6. 1. 72, B. 12. 1. 73. Kl.: 39b4, 15/00, Int. Kl.: C 08f 15/00. A.-Z.: WP C 08f/160234.

DTO 2240310. Polymere Massen aus ungesättigten Nitrilen und Elastomeren. Erf.: *Friedrich Wollrab*, u. *Philippe Duterme*. Anm.: Solvay & Cie., Brüssel (BE). A. 16. 8. 72, B. 1. 3. 73. Kl.: 39b4, 15/36, Int. Kl.: C 08f 15/36. A.-Z.: P 2240310. Prior.: 19. 8. 71, 14. 4. 72 (LU; A.-Z.: 63745, 65169).

DTO 2241161. Vinylchloridpfropfpolymerisate und Verfahren zu ihrer Herstellung. Erf.: *Friedrich Wollrab*, u. *Freddy Declerck*. Anm.: Solvay & Cie., Brüssel (BE). A. 22. 8. 72, B. 22. 3. 73. Kl.: 39b4, 27/00, Int. Kl.: C 08f 27/00. A.-Z.: P 2241161. Prior.: 7. 9. 71 (BE; A.-Z.: 107 861).

FRP 2143268 (B). Verfahren zur Modifizierung bestimmter physikalisch-mechanischer Eigenschaften von Polymeren mit polyren Gruppen. Erf.: *Alberto Ciferri*. Inh.: Consiglio Nazionale Delle Ricerche. A. 22. 6. 72, B. 9. 3. 72. Int. Kl.: C 08f 27/00, 45/00, C 08g 35/00, 51/00. A.-Z.: 7222 518. Prior.: 25. 6. 71 (IT; A.-Z.: 12767 A/71).

GBP 1311855. Polypropylen. Inh.: Dow Corning Ltd. A. 23. 7. 70, B. 28. 3. 73. Kl.: C3.P, Int. Kl.: C 08f 27/28. A.-Z.: 37057/69. Entspr. DTO 2035970, u. FRP 2055502.

SUP 365893 (Urheberschein). Verfahren zur Herstellung von Plastisolen auf der Basis von Polyvinylchlorid. Erf.: *Wilhelm Glander*. Anm.: Storey Brothers and Co., Ltd. (GB). A. 25. 12. 68, B. 8. 1. 73. Int. Kl.: C 08f 29/18. A.-Z.: 1292692/23—5.

CHP 534706. Verwendung von Triazinderivaten als Stabilisatoren für Polyolefine. Erf.: *Helmut Müller, Siegfried Rosenberg*, u. *Kurt Schwarzenbach*. Inh.: Ciba-Geigy AG, Basel (CH). A. 17. 6. 70. Int. Kl.: C 08f 45/60. A.-Z.: 9182/70. Entspr. FRP 2099116.

GBP 1311791. Polyvinylchloridkompositionen mit Wärme- und Lichtstabilität. Inh.: Pure Chemicals Ltd. A. 31. 12. 70, B. 28. 3. 73. Kl.: C3.P, Int. Kl.: C 08f 45/60, 45/62, 29/18. A.-Z.: 4479/70. Entspr. DTO 2102534 u. FRP 2077030.

GBP 1309800 (ausgesch. aus Pat. 1309799). Verfahren zum Stabilisieren von Polymeren gegen den Einfluß von UV-Licht. Inh.: Koninklijke Industrieele Maatschappij Noury & van der Lande N. V. A. 7. 7. 70, B. 14. 3. 73. Kl.: C3.P, Int. Kl.: C 08f 45/60. A.-Z.: 9334/72. Prior.: 28. 8. 69 (NL; A.-Z.: 6913138). Entspr. DTO 2055421 u. OEP 305641.

USP 3622530. Besonders hitze-, licht- und alterungsbeständige Textilfasern, Filme, Formkörper und andere Gegenstände. Erf.: *Millo Branchesi.* Inh.: Montecatini Edison S.p.A., Mailand (IT). A. 4. 3. 68, B. 23. 11. 71. Kl.: 260-23 S, Int. Kl.: C 08f 45/58, 45/60, 45/62. 7 Anspr. A.-Z.: 709907. Prior.: 7. 3. 67 (IT; A.-Z.: 13414 A/67). Entspr. DTO 1694670, OEP 282187 u. FRP 1561511.

GBP 1306460. Pigmentiertes Olefinpolymermaterial. Inh.: Montecatini Edison S.p.A. A. 9. 9. 70, B. 14. 2. 73. Kl.: C3.P, Int. Kl.: C 08f 47/04, A.-Z.: 43066/70. Prior.: 11. 9. 69 (IT; A.-Z.: 21911). Entspr. DTO 2044342, FRP 2061145 u. USP 3681280.

SUP 368757 (Urheberschein). Verfahren zur Modifizierung von Folienmaterialien. Erf.: *Robert George Beyless, Donald D. Amrik* u. *Ronald L. Hart.* Anm.: The National Cash Register Co. A. 11. 5. 70, B. 26. 1. 73. Int. Kl.: C 08f 47/22. A.-Z.: 1437162/23–5. Prior.: 14. 7. 69 (US; A.-Z.: 841596).

C 08g; Polykondensations- und Polyadditionsprodukte

DTO 2141600. Verfahren zur Herstellung von Homo- und Copolymerisaten des Trioxans. Erf.: *Karlheinz Burg* u. *Helmut Schlaf.* Anm.: Farbwerke Hoechst AG vorm. Meister Lucius & Brüning, 6000 Frankfurt (DT). A. 19. 8. 71, B. 1. 3. 73. Kl.: 39b5, 1/04, Int. Kl.: C 08g 1/04. A.-Z.: P2141600.

JAP 7224677. Antistatische Polyamide. Erf.: *Hiroo Kimura, Akio Furushita, Matafumi Ishibashi, Keiichi Kawasome, Minoru Nichinohara* u. *Tenri Maeda.* Inh.: Unitika Co. Ltd. A. 8. 1.. 67, B. 6. 7. 72. Int. Kl.: C 08g, D 01f. A.-Z.: 6771793.

JAP 7235560. Vorrichtung zur kontinuierlichen Polymerisation von ε-Caprolactam. Erf.: *Yasuhiko Nukushina* u. *Kiyotake Sajiki.* Inh.: Toray Industries, Inc. A. 10. 4. 68, B. 7. 9. 72. Int. Kl.: C 08g, B 01j. A.-Z.: 6823432.

SUP 365894 (Urheberschein). Verfahren zur Herstellung von hochmolekularen, thermisch beständigen Polyoxymethylenen. Erf.: *Shinizi Isida* u. 4 weitere. Anm.: Asahi Kasei Kogyo Kabushiki Kaisha (JA). A. 7. 7. 66, B. 8. 1. 73. Int. Kl.: C 08g 1/01, 1/12. A.-Z.: 1090242/23–5. Prior.: 8. 7. 65 (JA; A.-Z.: 40571/65, JAP 27669/69, S. 419/70), Entspr. DTO 1595275, FRP 1499213, GBP 1151927 u. USP 3470135.

DLP 95688. Verfahren zur Herstellung pigmentierter Polyesterkompositionen. Erf. u. Inh.: *Klaus Dietrich.* A. 21. 3. 72, B. 12. 2. 73. Kl.: 39b5, 17/013, Int. Kl.: C 08g 17/013. A.-Z.: WP C 08g/161763.

DLP 95689. Verfahren zur Herstellung von pigmentierten Polyesterkompositionen. Erf. u. Inh.: *Klaus Dietrich* u. *Eberhard Leibnitz.* A. 23. 3. 72, B. 12. 2. 73т. Kl.: 39b5, 17/013. Int. Kl.: C 08g 17/013. A.-Z.: WP C 08g/161764.

DTO 2141985. Rieselfähige, lagerstabile polymerisierbare Lactam-Katalysator-Aktivator-Gemische. Erf.: *Heinz-Jörg Rosenbaum, Hans Rudolph* u. *Klaus Reinking.* Anm.: Bayer AG, 5090 Leverkusen (DT). A. 21. 8. 71, B. 15. 3. 73. Kl.: 39b5, 20/18, Int. Kl.: C 08g 20/18. A.-Z.: P 2141985.

GBP 1307109. Polyamide. Inh.: Imperial Chemical Industries Ltd. A. 22. 12. 70, B. 14. 2. 73. Kl.: C3.R, Int. Kl.: C 08g 20/20, 20/38, 41/04. A.-Z.: 60902/70. Entspr. DTO 2164020 u. FRP 2118990.

JAP 7216669. Hochmolekulare Polyamidimide. Erf.: *Noriaki Dogoshi, Masanori Eguchi, Yu Kurihara* u. *Naoya Yoda.* Inh.: Toray Industries Inc. A. 11. 8. 68, B. 17. 5. 72. Int. Kl.: C 08g, H 01b. A.-Z.: 6962868. Entspr. DTO 2039448 u. FRP 2056819.

SUP 367119 (Urheberschein). Verfahren zur Herstellung von Poly-ε-caproamid. Erf.: *L. G. Baktimirova, L. D. Romanova* u. *Ju. N. Ugol'nikov.* A. 15. 3. 71, B. 23. 1. 73. Int. Kl.: C 08g 20 18. A.-Z.: 1631012 23–5.

USP 3622545. Hochmolekulare aromatisch-aliphatisch geordnete Copolyamide. Erf.: *Veronika Foldi* u. *Joseph C. Shivers.* Inh.: E. I. du Pont de Nemours and Co., Wilmington, Del. A. 14. 11. 69, B. 23. 11. 71. Kl.: 260-78, Int. Kl.: C 08g 20 20. 13 Anspr. A.-Z.: 876988. Entspr. DTO 2051512 u. FRP 2069412.

DTO 2242678. Verfahren zur Herstellung von Polyisocyanuraten. Erf.: *Klaas Ruyter, Geetruida Apolonia Färber-Baas* u. *Eduard Maria Anthonius Alphonsus Joseph van Acker.* Anm.: Shell Internationale Research Maatschuppij N. V., Den Haag (NL). A. 30. 8. 72, B. 8. 3. 73. Kl.: 39b5, 33 02, Int. Kl.: C 08g 33 02. A.-Z.: P 2242677. Prior.: 1. 9. 71 (NL; A.-Z.: 7112004).

FRP 2138370 (B). Neue gut anfärbbare Mischungen auf der Basis von Polyestern und ihre Herstellung. Erf.: *Yves Vaginay.* Inh.: Société Rohodiaceta. A. 24. 5. 71, B. 9. 2. 73. Int. Kl.: C 08g 39/00, 17/00, 53/00. A.-Z.: 7118744. Entspr. DTO 2225282.

JAP 7219188. Polyurethane. Erf.: *Takashi Kobayashi, Michikaze Ono* u. *Osama Nakagawa.* Inh.: Mitsubishi Rayon Co. Ltd. A. 15. 12. 67, B. 1. 6. 72. Int. Kl.: C 08g. A.-Z.: 6780392.

JAP 7229381. Polyesterkompositionen. Erf.: *Takeo Shima, Akiharu Kawase* u. *Masataka Ohshima.* Inh.: Teijin Ltd. A. 22. 5. 68, B. 2. 8. 72. Int. Kl.: C 08g, k. A.-Z.: 68638.

USP 3703564. Bis(polyphenylenoxid)-Ester-Blockcopolymere. Erf.: *Dwain White M.* Inh.: General Electric Co. A. 5. 1. 70, B. 21. 11. 72. Kl.: 260-860, Int. Kl.: C 08g 33 10, 39 10. 9 Anspr. A.-Z.: 817.

JAP 7206509. Polyamidkomposition mit einem hohen E-Modul. Erf.: *Tomikazu Oda, Rikuo Kimura* u. *Namio Taguchi.* Inh.: Teijin Ltd. A. 8. 12. 67, B. 24. 2. 72. Int. Kl.: C 08g, D 01f. A.-Z.: 6778921.

USP 3705127 (Zus. z. Pat. 3574230. A. 5. 9. 68, B. 6. 4. 71. A.-Z.: 757764). Flammhemmende polymere Kompositionen. Erf.: *Henryk A. Cyba.* Inh.: Universal Oil Products Co., Des Plaines, Ill. A. 21. 12. 70, B. 5. 12. 72. Kl.: 260-881, Int. Kl.: C 08f 45/60, C 08g 51/60. 7 Anspr. A.-Z.: 100440.

CHP 535808. Verfahren zur Herstellung von gefärbten Superpolyamid-Formgebilden. Erf.: *Felix Steinlin* u. *de Montmollin.* Inh.: Ciba-Geigy AG, Basel (CH). A. 2. 2. 68, Int. Kl.: C 08g 53 04. A.-Z.: 1619/68. Entspr. DLP 72859 u. GBP 1208402.

C 08j. Allgemeine Herstellungs- und Verarbeitungsverfahren

DTO 2140041. Polyamid-Polyolefin-Legierungen. Erf. u. Anm.: *Gerhard Illing,* 6114 Groß Umstadt (DT). A. 10. 8. 71, B. 22. 2.`73. Kl.: 39b7, 1/36, Int. Kl.: C 08j 1/36. A.-Z.: P 2140041.

FRP 2138873 (B). Verfahren zur Herstellung von Homo- und Copolyadditionsprodukten und die dazu erforderlichen Katalysatoren. Erf.: *Arnalod Toggero, Alessandro Mazzei* u. *Antonio Proni.* Inh.: Snam Progetti S.p.A. A. 23. 5. 72, B. 9. 2. 72. Int. Kl.: C 08j 1 00, B 01j 11/00, C 08g 33/00. A.-Z.: 7218234. Prior.: 24. 5. 71 (IT; A.-Z.: 24897 A/71). Entspr. DTO 2225276.

Sektion D. Textilien und Papier

TEXTILIEN

D 01 Natürliche oder künstliche Fäden oder Fasern; Spinnen

D 01b. Mechanische Behandlung von natürlichen faserigen oder fadenförmigen Stoffen zur Gewinnung von Fasern oder Fäden, z. B. zum Verspinnen

SUP 365397 (Urheberschein). Abscheider für Baumwolle. Erf.: *M. I. Ismailov, N. A. Artykov, Ch. A. Zijaev* u. *V. G. Berežnoj.* Anm.: Institut mechaniki i sejsmostojkosti sooruženij AN Uzbekskoj SSR. A. 30. 3. 71, B. 8. 1. 73. Int. Kl.: D 01b 1/02, D 01g 5/00. A.-Z.: 1639160/28–12.

SUP 365398 (Urheberschein). Trennwalze. Erf.: *E. G. Tadziev.* Anm.: Institut mechaniki i sejsmotojkosti sooruženij AN Uzbekskoj SSR. A. 29. 3. 71, B. 8. 1. 73. Int. Kl.: D 01b 1/04. A.-Z.: 1637902/28–12.

SUP 368353 (Urheberschein). Vorrichtung zum Abscheiden des Abfalls von den Fasern bei Bastfaserkulturen. Erf.: *A. M. Ipatov* u. *V, V. Ščečkin.* Anm.: Kostromskoj technologičeskij Institut. A. 1. 7. 71er B. 26. 1. 73. Int. Kl.: D 01b 1/24. A.-Z.: 1677331/28–12

SUP 369188 (Urheberschein). Verfahren zum Waschen von Fasermaterial. Erf.: *O. A. Kremnev, V. R. Borovskij, E. S. Malkin* u. *R. E. Sitnjakovskij.* A. 7. 12. 70, B. 8. 2. 73. Int. Kl.: D 01b 3/08, D 05c 3/05. A.-Z.: 1496323/28–12.

SUP 368354 (Urheberschein). Vorrichtung zur Verarbeitung von Abfällen und nicht abhaspelbaren Kokons. Erf.: *U. A. Memetov.* Anm.: Leninabadskij elkokombinat. A. 2. 6. 70, B. 26. 1. 73. Int. Kl.: D 01b 7/06. A.-Z.: 1443859/28–12.

SUP 369189 (Urheberschein). Bürste zum Auffinden der Faserenden auf Kokons. Erf.: *A. D. Abramov, I. A. Kuprin, E. P. Li* u. *M. N. Nijazaliev.* Anm.: Uzbekskij naučnoissledovatel'skij Institut šelkovoj Promyšlennosti. A. 1. 4. 69, B. 8. 2. 72. Int. Kl.: D 01b 7/04, A 46b 15/00. A.-Z.: 1320736/28–12.

D 01d. Mechanische Verfahren und Vorrichtungen für die Herstellung von künstlichen Fäden, Gespinsten, Fasern, Borsten oder Bändern

DLP 95081. Vorrichtung zur druckabhängigen Durchsatzregulierung von Plastschmelzen, insbesondere für den Schmelzspinnprozeß. Erf. u. Inh.: *Wolfgang Warta* u. *Günter Estirl.* A. 5. 1. 72, B. 12. 1. 73. Kl.: 29a, 6/30, Int. Kl.: D 01d 1/06. A.-Z.: WP D 01d/160173.

JAP7 218045. Schmelzspinnen thermoplastischer Harze. Erf.: *Katsunosuke Maeda, Nobuyuki Matsubara, Akihiro Shinkai, Masumi Fujiura.* u. *Kazuo Nakajima.* Inh,: Toray Industries, Inc. A. 21. 3. 68, B. 25. 5. 72. Int. Kl.: D 01d. A.-Z.: 6818108. Entspr. DTO 1914556 u. GBP 1220424,

DTA 1435576. Mischfadenspinnvorrichtung. Erf.: *Joichi Kitajima, Keishiro Ueno* u. *Haruo Sugimoto.* Anm.: Mitsubishi Rayon Co., Ltd. Tokio (JA). A. 19. 2. 64, B. 8. 3. 73. Kl.: 29a, 6/10, Int. Kl.: D 01d 3/00 A.-Z.: P 1435576. Prior.: 20. 2. 63, 31. 8. 63, 12. 10. 63 (JA; A.-Z.: 8900/63, 46839/63, 54364/63). Entspr. GBP 1045047 u. USP 3344472.

USP 3608148. Vorrichtung zum Erspinnen von mehrfädigem Garn. Erf. *Robert Sluijters.* Inh.: American Enka Corp., Enka, N. C. (US). A. 20. 2, 67, B. 28. 9. 71. Kl.: 18-85C, Int. Kl.: D 01d 3/00. 1 Anspr. A.-Z.: 617186. Prior. 25. 2. 65 (NL; A.-Z.: 6602465). Entspr. DTO 1660174, OEP 285029, FRP 1512700 u. GBP 1181013.

CHP 535840. Verfahren zur Herstellung gekräuselter synthetischer Fäden. Erf.: *Pascale Corsini* u. *Antonio Celsi.* Inh.: Snam Progetti S.p.A. Corso Venezia 16, Mailand (IT). A. 16. 10. 71. Int. Kl.: D 01d 5/22, D 02g 1/12. A.-Z.: 15103/71. Prior.: 17. 10. 70 (IT; A.-Z.: 31068 A/70). Entspr. DTO 2151497 u. FRP 2111289.

GBP 1311280. Garnreckvorrichtung. Inh.: Imperial Chemical Industries Ltd. A. 25. 9. 70, B. 28. 3. 73. Kl.: B5.B, Int. Kl.: D 01d 9/08. A.-Z.: 49832/69. Entspr. DTO 2049518 u. FRP 2065270.

GBP 1311981. Garnbehandlungsvorrichtung. Inh.: Maremont Corp. A. 4. 8. 70, B. 28. 3. 73. Kl.: D1.D, Int. Kl.: D 01h 13/02, 13/28, D 01d 9/08, F 16c 13/00. A.-Z.: 37646/70.

D 01f. Chemische Gesichtspunkte bei der Herstellung von künstlichen Fäden Gespinsten, Fasern, Borsten oder Bändern

USP 3705225 (ausgesch. aus USP 3608296. A. 28. 10. 69. A.-Z.: 871418 USP 3608296 u. Zus. z. Pat. m. A.-Z.: 564905. A. 13. 7. 66). Verfahren zur Herstellung von seidenartigem Polyestergarn. Erf.: *Robert Edward Taylor.* Inh.: E. I. du Pont de Nemours & Co., Wilmington, Del. A. 1. 6. 71, B. 5. 12. 72. Kl.: 264-103, Int. Kl.: D 01f 1/00, D 02g 1/20. 3 Anspr. A.-Z.: 148701. A.-Z.: 564905 entspr. DTO 1660586, FRP 1546544 u. GBP 1190078.

FRP 2137105 (B). Fasern, Fäden und ähnliche Gegenstände aus Regeneratcellulose und Verfahren zu ihrer Herstellung. Erf.: *Paul Herrbach* u. *Robert Priou.* Inh.: CTA, Compagnie Industrielle de Textiles Artificiels & Synthétiques. A. 13. 5. 71, B. 2. 2. 73. Int. Kl.: D 01f 3/00. A.-Z.: 7117357.

DTO 2146885. Verfahren zum Herstellen von Fäden oder Fasern aus Polyamiden. Erf.: *Günter Becht, Klaus Matthias, Joachim Kunde, Heinz Pohlemann* u. *Gerhard Ramlow.* Anm.: Badische Anilin- & Soda-Fabrik AG, 6700 Ludwigshafen (DT). A. 20. 9. 71, B. 29. 3. 73. Kl.: 29b, 3/60, Int. Kl.: D 01f 7/04. A.-Z.: P 2146885. Entspr. CHP 530480.

JAP 7208767. Faserstoffe aus p-Xylylencopolyamid. Erf.: *Teizo Tsuda, Akinori Yamamoto* u. *Masamitsu Tamimura.* Inh.: Toray Industries, Inc. A. 27. 11. 68, B. 14. 3. 72. Int. Kl.: D 01f, C 08g. A.-Z.: 6886397. Entspr. FRP 2024342 u. USP 3652509.

JAP 7227802. Wärmebeständige Polyamidfaserstoffe. Erf.: *Yoshimasa Koda, Hiroshi Kataoka, Terumichi Ono, Shubonosuke Shigemura* u. *Morishige Nishino.* Inh.: Toray Industries, Inc. A. 13. 7. 68, B. 24. 7. 72. Int. Kl.: D 01f, C 08g, k. A.-Z.: 6848849.

JAP 7223690. Mit basischem Farbstoff anfärbbare und waschechte Polyamidfaserstoffe. Erf.: *Tomiichi Oda, Atsuyuki Shima* u. *Kogen Oh.* Inh.: Teijin Ltd. A. 1. 8. 68, B. 1. 7. 72. Int. Kl.: D 01f, C 08g. A.-Z.: 6854494.

JAP 7208780. Polyolefinspaltfaserkabel. Erf.: *Hiroshi Akiyama, Munehiro Okumura, Tatsuaki Nishikawa* u. *Noriaki Nishikawa.* Inh.: Mitsubishi Rayon Co., Ltd. A. 1. 10. 68, B. 14. 3. 72. Int. Kl.: D 01f. A.-Z.: 6871294.

JAP 7208936. Verwendung von chloriertem Paraffin oder Polypropylen als waschechte Antistatika für Polyamidfaserstoffe. Erf.: *Akira Ban, Toshiyoshi Shibata, Tomoaki Sasaki* u. *Kiyoshi Iwabuchi.* Inh.: Yunichika Co. Ltd. A. 15. 11. 67, B. 15. 3. 72. Int. Kl.: C 08g, f, k, D 01f. A.-Z.: 6773470.

JAP 7224265. Polyvinylalkoholschaumfäden. Erf.: *Zenzaburo Oku.* Inh.: Japan Synthetic Chemical Industry Co. Ltd. A. 3. 6. 68, B. 5. 7. 72. Int. Kl.: C 08k, f, j. A.-Z.: 6838109.

GBP 1307724. Acryl-Textilfasern. Inh.: Chatillon S. A. A. 17. 7. 70, B. 21. 2. 73. Kl.: B5.B, Int. Kl.: D 01f 7/02, 7/06. A.-Z.: 34916/70. Prior.: 17. 7. 69 (IT; A.-Z.: 19739). Entspr. FRP 2055176.
JAP 7229454. Feste Acrylnitrilfaserstoffe. Erf.: *Nobuhiko Shoshi* u. *Kohei Hamada*. Inh.: Mitsubishi Rayon Co. Ltd. A. 31. 3. 69, B. 2. 8. 72. Int. Kl.: D 01f. A.-Z.: 6924493.
CHP 534223. Verfahren zur Herstellung eines stark gekräuselten Fadens und so erhaltener Faden. Erf.: *Luigi Ciceri, Renato Crosta* u. *Giorgio Della Fortuna*. Inh.: Snam Progetti S.p.A., Corso Venezia 16, Mailand (IT). A. 29. 10. 71, Int. Kl.: D 01f 7/02. A.-Z.: 15775/71. Prior.: 2. 11. 70 (IT; A.-Z.: 31262 A/70). Entspr. DLP 92773, DTO 2154456 u. FRP 2113385.
JAP 7208781. Synthetische Verbundspaltgarne. Erf.: *Seiya Iwama* u. *Takeshi Horikoshi*. Inh.: Sanso Plastic Industries, Inc. A. 14. 11. 68, B. 14. 3. 72. Int. Kl.: D 01f. A.-Z.: 6883134.
JAP 7217409. Kräuselfähige Verbundfaserstoffe. Erf.: *Noboru Ohshima* u. *Shinichi Sumida*. Inh.: Toray Industries, Inc. A. 18. 12. 68, B. 22. 5. 72. Int. Kl.: D 01f, d. A.-Z.: 6892312.

DO 2 Garne; mechanische Veredlung von Garnen oder Seilen; Schären oder Bäumen

D 02g. Kräuseln oder Krimpfen (Texturieren) von Fasern, Zwirnen oder Garnen; Garne oder Zwirne

DLP 95080. Verfahren zum permanenten Kräuseln, vorzugsweise Eigenkräuseln, von Textilfasern sowie zum Texturieren von Textilfäden. Erf. u. Inh.: *Adolf Heger, Michael Stephan, Bernd Ihme* u. *Helmar Päßler*. A. 12. 4. 71, B. 12. 1. 73. Kl.: 29a, 6/20, Int. Kl.: D 02g 1/20. A.-Z.: WP D 02g/154343. Entspr. DTO 2216685 u. FRP 2136336.
DTO 2155703. Vorrichtung zum Kräuseln von Kunststoffäden. Erf.: *Osmo Juhani Ivanto*. Anm.: Spinner Oy, Karakallio (SF). A. 9. 11. 71, B. 22. 3. 73. Kl.: 29a, 6/20, Int. Kl.: D 02g 1/02. A.-Z.: P 2155703. Prior.: 14. 9. 71 (SF; A.-Z.: 2563/71).
CHP 534231. Kräuselhülse für eine Fadenkräuselmaschine. Erf.: *Kalevi Keto*. Inh.: Spinner Osakeyhtiö, Kotkapolku, Karakallio (SF). A. 16. 12. 71. Int. Kl.: D 02g 1/06. A.-Z.: 18362/71. Prior.: 17. 12. 70 (SF; A.-Z.: 3401/70). Entspr. DTO 2104255.
FRP 2142708 (A). Verfahren und Vorrichtung zum Texturieren eines Thermoplastfadens. Erf.: *Raymond Gourmandy* u. *Roger Vidal*. Inh.: Société Rhodiaceta. A. 22. 6. 71, B. 9. 3. 73. Int. Kl.: D 02g 1/00. A.-Z.: 7122959 (Zus. z. Anm. m. A.-Z.: 7038079. A. 15. 10. 70, FRP 2110561, S. 915/72). Entspr. DTO 2151558.
USP 3608296. Polyestergarn mit seidenartigem Aussehen. Erf.: *Robert Edward Taylor*. Inh.: E. I. du Pont de Nemours and Co., Wilmington, Del. (US). A. 28. 10. 69, B. 28. 9. 71. Kl.: 57-140 BY, Int. Kl.: D 02g 1/18, 3/04, 3/24. 4 Anspr. A.-Z.: 871418 (Zus. z. Pat. m. A.-Z.: 564905. A. 13. 7. 66). A.-Z.: 564905 entspr. DTO 1660586, FRP 1546544 u. GBP 1190078.
USP 3703751. Düse zum Behandeln von Garn. Erf.: *William W. Bowen*. Inh.: E. I. du Pont de Nemours and Co., Wilmington, Del. (US). A. 27. 7. 71, B. 28. 11. 72. Kl.: 28-1,4, Int. Kl.: D 02g 1/16. 1 Anspr. A.-Z.: 166469. Entspr. DTO 2236957.
USP 3608299. Verfahren zur Herstellung von verzwirnten elastischen Garnen. Erf.: *Alfred H. Dugas*. Inh.: E. I. du Pont de Nemours and Co., Wilmington, Del. (US). A. 15. 4. 70, B. 28. 9. 71. Kl.: 57-157 F, Int. Kl.: D 02g 3/02. 8 Anspr. A.-Z.: 28583. Entspr. DTO 2115185, FRP 2089554, u. GBP 1293119.
USP 3621646. Zusammengesetzte Fibridgarne und Verfahren zu ihrer Herstellung. Erf. u. Inh.: *Emilian Bobkowicz* u. *Andrew John Bobkowicz*, 1435 St. Alexander St., Room 310, Montreal 111, Quebec (CA). A. 24. 11. 69, B. 23. 11. 71. Kl.: 57-140 BY, Int. Kl.: D 02g 3/02. 13 Anspr. A.-Z.: 879454. Prior.: 15. 9. 69 (CA; A.-Z.: 62054). Entspr. DTO 2042762, CHP 519594, FRP 2057698 u. GBP 1285003.

D 02j. Veredeln oder Ausrüsten von Fäden, Garnen, Zwirnen, Schnüren, Seilen od. dgl.

DTO 2245371. Kontinuierliches, voluminöses Acrylgarn aus zwei Bestandteilen und Verfahren zu seiner Herstellung. Erf.: *Franco Cognigni, Silvano Desco* u. *Pasquale Corsini*. Anm.: Snam Progetti S.p.A., Mailand (IT). A. 15. 9. 72, B. 29. 3. 73. Kl.: 29a, 6/20, Int. Kl.: D 02j 1/00. A.-Z.: P 2245371. Prior.: 16. 9. 71, 7. 7. 72 (IT; A.-Z.: 28708/A 71, 26731 A/72).
FRP 2139111 (A). Vorrichtung zur kontinuierlichen Wärmebehandlung synthetischer Fäden oder Fasern. Erf.: *Carlo Degli Antoni*. A. 26. 5. 72, B. 9. 2. 73. Int. Kl.: D 02j 13/00. A.-Z.: 7218825 (Zus. z. Anm. m. A.-Z.: 7142469. A. 26. 11. 71). Prior.: 26. 5. 71 (IT; A.-Z.: 25026 A/71). Entspr. DTO 2225373.
JAP 7214055. Polyäthylenterephthalatfaserstoffe mit hoher Schrumpfung. Erf.: *Shuichi Uchiyama* u. *Tamio Yamamoto*. Inh.: Teijin Ltd. A. 19. 12. 68, B. 26. 4. 72. Int. Kl.: D 01d. A.-Z.: 6893291.
SUP 369195 (Urheberschein). Vorrichtung zum Verflechten von Filamenten. Erf.: *A. A. Lukošajtis* u. *A. A. Kazakjavičjus*. Anm.: Kaunasskij Zavod iskusstvennogo Volokna Im. 50-letija Oktjabrja. A. 11. 10. 71, B. 8. 2. 72. Int. Kl.: D 02j 1/08, D 02g 1/16. A.-Z.: 1705126/28–12.

PAPIER

D 21 Papierherstellung; Gewinnung von Cellulose bzw. Zellstoff

D 21c. Gewinnung von Cellulose durch Abscheiden nichtcelluloseartiger Substanzen von cellulosehaltigen Stoffen; Wiedergewinnung der Zellstoffablaugen; Vorrichtungen dafür

DTO 2246647. Verfahren zur fraktionierten Gewinnung von Lignin und Cellulose aus Baumrinde bzw. Borke. Erf.: *John Hoeye*. Anm.: A/S Toten Cellulosefabrik, Nygard (NO). A. 22. 9. 72, B. 29. 3. 73. Kl.: 55b, 1/01, 12o, 26/01, Int. Kl.: D 21c 3/00, C 07g 1/00. A.-Z.: P 2246647. Prior.: 23. 9. 71 (NO; A.-Z.: 3521/71).
SWP 354879. Verfahren zur Herstellung von Cellulose. Erf.: *P. O. Rautalahti, J. Kettunen* u. *O. Sonni*. Inh.: Metsäliiton Selluloosa OY, Zirkniemi (SF). A. 18. 11. 69, B. 26. 3. 73. Int. Kl.: D 21c 1/00. A.-Z.: 15800/69. Prior.: 19. 11. 68 (SF; A.-Z.: 3310). Entspr. DTO 1957079.
USP 3630828. Bleichen von wenig dichtem, nicht-kompaktem, porös flockigem Zellstoff. Erf.: *Norman Liebergott, Frederic H. Yorston, Raimbault M. A. D. De Montigny* u. *John E. Tasman*. Inh.: Pulp and Paper Research Institute of Canada, Pointe Claire, Quebec (CA). A. 13. 5. 68, B. 28. 12. 71. Kl.: 162-24, Int. Kl.: D 21b 1/16. 10 Anspr. A.-Z.: 728633.
SUP 368365 (Urheberschein). Verfahren zur Herstellung von Zellstoff. Erf.: *N. N. Osipova, M. N. Cypkina* u. *F. P. Komarov*. Anm.: Vsesojuznyj naučno-issledovatel'skij Institut celljuloznobumažnoj Promyšlennosti. A. 22. 3. 71, B. 26. 1. 73. Int. Kl.: D 21c 3/04, 5/00. A.-Z.: 1639811/29–33.
USP 3622444. Verfahren zum Bleichen von Zellstoff. Erf.: *Douglas Haig Andrews*. Inh.: Canadian Industries Ltd., Montreal, Quebec (CA). A. 25. 3. 70, B. 23. 11. 71. Kl.: 162-85, Int. Kl.: D 21c 3/18, 3/26,3/0.2, 9 Anspr. A.-Z.: 22681. Prior.: 14. 4. 69 (CA; A.-Z.: 048671).
SWP 354492. Verfahren zur Herstellung von gebleichtem, mechanischem Zellstoff. Erf.: *N. Liebergott*. Inh.: Pulp and Paper Research Institute of Canada, Pointe Claire (CA). A. 3. 7. 70, B. 12. 3. 73. Int. Kl.: D 21c 9/16. A.-Z.: 9278/70. Prior.: 27. 11. 69 (CA; A.-Z.: 68520). Entspr. DTO 2058232.

Sektion G Physik

G 01 Messen; Prüfen

G 01b. Messen der Länge, der Dicke oder von ähnlichen linearen Dimensionen; Messen von Winkeln; Messen von Flächen; Messen von Unregelmäßigkeiten von Flächen oder Umrissen

FRP 2137191 (B). Verbesserte Kontrolle bei der Herstellung von Fäden oder Fasern. Inh.: Fibreglas Ltd. A. 14. 5. 71, B. 2. 2. 73. Int. Kl.: G 01b 11/00, C 03b 37/00, G 05d 5/00. A.-Z.: 7117649.
SUP 366352 (Urheberschein). Vorrichtung zur Dickenmessung von Faserstoffen. Erf.: *O. A. Ščerbakova* u. *A. F. Pestun*. A. 4. 1. 71, B. 16. 1. 73. Int. Kl.: G 01b 13/06. A.-Z.: 1609311/25–28.

G 01n. Untersuchen der chemischen oder physikalischen Eigenschaften von Stoffen

SUP 366368 (Urheberschein). Vorrichtung zum Messen des Drehmomentes eines bewegten Fadens. Erf.: *G. S. Zareckas* u. *A. I. Nikitin*. Anm.: Litovskij naučno-issledovatel'skij Institut tekstil'noj Promyšlennosti. A. 17. 10. 69, B. 16. 1. 73. Int. Kl.: G 01l 3/00, G 01n 3/26. A.-Z.: 1371839/28–12.
SUP 366384 (Urheberschein). Zählwerk zur Untersuchung von Textilfasern. Erf.: *A.-R. A. Jankunas, O. Ju. Janišite, Ju. P. Indrjunas* u. *A. A. Piktis*. Anm.: Kaunasskij politechničeskij Institut. A. 4. 1. 71, B. 16. 1. 73. Int. Kl.: G 01n 3/34. A.-Z.: 1612816/28–12.
SUP 368519 (Urheberschein). Gerät für Ermüdungsprüfungen an Cordfäden. Erf.: *V. A. Pugin, G. S. Fil'ko* u. *Z. M. Kozyreva*. A. 19. 3. 70, B. 26. 1. 73. Int. Kl.: G 01n 3/32, 3/02. A.-Z.: 1431109/23N5.
SUP 369458 (Urheberschein). Gerät zur Bestimmung der Knitterneigung von Flor. Erf.: *R. A. Jančauskene, Ju. P. Indrjunas* u. *A. K. Kijauskas*. Anm.: Ordena Trudovogo Krasnogo Znameni šelkovyj Kombinat Im. Prasasa Zibertasa. A. 19. 4. 71, B. 8. 2. 72. Int. Kl.: G 01n 3/14. A.-Z.: 1650746/28–12.
DTO 2224416. Vorrichtung zum Prüfen und Aufzeichnen von Dehnungscharakteristiken von dehnbaren Stoffen. Erf.: *Herman J. Joy*. Anm.: Cluett, Peabody & Co., Inc., New York, N. Y. (US). A. 16. 5. 72, 29. 3. 73. Kl.: 42k, 50, 45/01, Int. Kl.: G 01n 33/36, G 01b 5/30. A.-Z.: P 2224416 (Zus. z. Anm. m. A.-Z.: P 2129579). Prior.: 15. 9. 71 (US; A.-Z.: 180792).
GBP 1308467. Methode zum Nachweis der Gegenwart oder von Änderungen in den Proportionen eines Aromamaterials, das auf einem Gewebe verteilt ist, und Apparatur zur Durchführung der Methode. Inh.: Carreras Ltd. A. 13. 10. 69, B. 21. 2. 73. Kl.: G1.A, Int. Kl.: G 01n 21/32. A.-Z.: 50278/69.
SUP 365633 (Urheberschein). Verfahren zur Bestimmung der Faserelastizität. Erf.: *A. E. Druzinin* u. *V. A. Usenko*. Anm.: Moskovskij tekstil'nyj Institut. A. 1. 4. 71, B. 8. 1. 73. Int. Kl.: G 01n 21/20. A.-Z.: 1641943/28–12.
SUP 367372 (Urheberschein). Verfahren zur Bestimmung von Hydroxylendgruppen in Polycarbonaten. Erf.: *L. S. Kalinina* u. *M. A. Motorina*. A. 10. 7. 70, B. 23. 1. 73. Int. Kl.: G 01n 21/22. A.-Z.: 1454787/23–4.

Literaturschau

Auszug aus Lieferung 14 und 15/1973 der Literaturschau „Faserstoffe und Textiltechnik", zusammengestellt von der Abteilung Information und Dokumentation des Instituts für Polymerenchemie der AdW der DDR, 153 Teltow-Seehof, Kantstr. 55

I. Wissenschaftliche Grundlagen

Allgemeines

(Untersuchungsmthoden u. a.)

Volarovič, M. P.: Lazovskaja, N. V.: Rotationsviskosimeter für die Untersuchung der rheologischen Eigenschaften von dispersen Systemen und hochmolekularen Verbindungen. Kolloid. Ž., Moskva **35** (1973) 3, S. 538–545.
Matsuura, T., Souiriraj, S.: Physikochemische Kriterien für die Trennung von ein- und zweiwertigen Alkoholen in wäßrigen Lösungen durch umgekehrte Osmose mit porösen Celluloseacetatmembranen. J. appl. Polymer Sci. **17** (1973) 4, S. 1043–1071.
Dijkstra, G., van der Maas, J. H.; Smith, A.: System zur IR-Analyse von Methylgruppen. Fresenius' Z. analyt. Chemie **264** (1973) 3, S. 200–204. (engl.).
Eckschlager, K.: Anwendung der Informationstheorie auf die analytische Chemie. IV. Ausdruck der Ergebnisse von quantitativen chemischen Analysen. Coll. czechoslov. chem. Commun. **38** (1973) 5, S. 1330–1332. (engl.).
Velišek, J., Davidek, J.: Anwendung von o-Phenylendiamin zur Bestimmung von Carbonylverbindungen. Chem. Listy, Praha (Chem. Bl.) **67** (1973) 5, S. 513–524.

Physik und Chemie der Hochpolymeren

Alexandrowicz, Z., Accad, Y.: Monte-Carlo-Untersuchung von lange, Gitterketten. Variation des ausgeschlossenen Volumens. Macromolecules Washington **6** (1973) 2, S. 251–255.

Načinkin, O. I., Ageev, A. I., Ruban, I. G., Kotylevskaja, V. G.: Untersuchung der rheologischen (Viskositäts-)Eigenschaften von Lösungen des Poly-m,p-phenylenisophthalamids. Chim. Volokna (Chem. Fasern) (1973) 3, S. 12–14.

Horsfall, F.: Eine theoretische Behandlung der Strahlaufweitung einer Newton'schen Flüssigkeit. Polymer, London **14** (1973) 6, S. 262–266.

Mirkin, M. A., Čebanov, V. M.: Einfluß von erhöhtem hydrostatischem Druck auf die Diffusionskonstanten von Polymeren. Mech. Polimerov, Riga (Mech. d. Polymeren) (1973) 2, S. 344–346.

Evreinov, V. V., Romanov, A. K., Entelis, S. G.: Quantitative Beziehung zwischen der Verteilung der rel. Molekülmassen und Funktionalität des Vorpolymeren und den Besonderheiten der Struktur eines aus ihm erhältlichen vernetzten Polymeren. Vysokomol. Soed. (Hochmol. Verbind.) Serie B: Kratkie Soobšč. (Kurzmitt.) **15** (1973) 5, S. 315–316.

Bird, R. B., Armstrong, R. C.: Zeitabhängige Strömungen in verdünnten Lösungen stäbchenförmiger Makromoleküle. J. chem. Physica **56** (1972) 7 (Teil 2), S. 3680–3682.

Carraher, Ch. E., jr.: Vergleichende IR-Spektroskopie von Metallen der Gruppe IVa enthaltenden Polyestern und Polyoxiden. Angew. makromol. Chemie, Basel **31** (1973) S. 115–122. (engl.).

Seiner, J. A., Gerhart, H. L.: Lichtstreuung von Mikrohohlräumen. Anwendung auf Polymerbeschichtungen. IEC. Ind. engng. Chem./Product R & D **12** (1973) 2, S. 98–109.

Oguni, N., Watanabe, Sh., Maki, M., Tani, H.: Strukturanalyse von Polypropylen-α-d-oxid durch hochauflösende KMR-Spektroskopie. Macromolecules, Washington **6** (1973) 2, S. 195–199.

Razikov, K. Ch., Tjagaj, E. D., Isamuchamedova, I. I., Namazov, M. B., Usmanov, Ch. U.: Mikroskopische und elektronenmikroskopische Untersuchungen an Cellulose nach deren strukturellen und chemischen Umwandlungen. Vysokomol. Soed. (Hochmol. Verbind.) Serie A **15** (1973) 6, S. 1390–1396.

Manjunath, B. R., Venkataraman, A., Stephen, Th.: Einfluß der Anwesenheit von Feuchte in Polymeren auf ihre Röntgenbeugungsbilder. J. appl. Polymer Sci. **17** (1973) 4, S. 1091–1099.

Leca, M., Fulea, A.: Untersuchung der Struktur und der Molekülbewegung von Polymeren unter Anwendung von ESR-Spektren von freien, in Polymere eindiffundierten Radikalen. Materiale plast., Bucureşti **10** (1973) 4, S. 200–208.

Toader, M., Chivulescu, E., Bader, P., Boborodea, M.: Bestimmung der Isotaktizität des Polypropylens durch IR-Spektroskopie und Pyrolyse-Gaschromatographie. Materiale plast. Bucureşti **10** (1973) 3, S. 151–155.

Wlochowicz, A., Przygocki, W.: Beziehung zwischen der Kettenfaltungsperiode in Polyäthylenterephthalat und der Kristallisationstemperatur. J. appl. Polymer Sci. **17** (1973) 4, S. 1197–1202.

Klenin, V. I., Kolnibolotčuk, N. K., Frenkel', S. Ja.: Ausbildung einer übermolekularen Ordnung in wäßrigen Lösungen von Polyvinylalkohol bei turbulenter Strömung. Vysokomol. Soed. (Hochmol. Verbind.) Serie B: Kratkie Soobšč. (Kurzmitt.) **15** (1973) 5, S. 389–392.

Simionescu, Cr., Butanru, R., Rozmarin, Gh.: Untersuchungen zur übermolekularen Struktur der Cellulose. II. Untersuchung der Polymolekularität und Kristallinität der durch Strahlung abgebauten Cellulose. Cellulose Chem. Technology, Jassy/Rum. **7** (1973) 2, S. 153–169. (engl.).

Gohil, R. M., Patel, K. C., Patel, R. D.: Polyoxymethylendubletten und zugeordnete Wachstumserscheinungen. Angew. makromol. Chemie, Basel **31** (1973) S. 161–168. (engl.).

Kolbeck, A. G., Uhlmann, D. R., Calvert, P. D.: Gasgefüllte Polymere. I. Hohlraummorphologie von Polyäthylen. J. appl. Polymer Sci. **17** (1973) 3, S. 679–694.

Bubis, L. D., Ovčinnikov, Ju. V., Rjabov, A. V., Emel'janov, D. N.: Untersuchung der Dilatanz von Polymethacrylat-Suspensionen im Dibutylphthalat. Kolloid. Ž., Moskva **35** (1973) 3, S. 528–531.

Šestopal, V. O., Filatov, I. S., Judkin, B. I.: Mechanische α-Relaxation von Ariloks (Polyphenylenoxid). Mech. Polimerov, Riga (Mech. d. Polymeren) (1973) 2, S. 375–376.

Marshall, G. P., Williams, J. G.: Wachstum von Mikrorissen in PMMA unter zyklischen Belastungen. J. appl. Polymer Sci. **17** (1973) 4, S. 987–1005.

Alexandrowicz, Z.: Über die Kontaktwahrscheinlichkeit in Ketten mit ausgeschlossenem Volumen. Macromolecules, Washington **6** (1973) 2, S. 255–256.

Quach, A.: Polymerbeschichtungen. Physik und Mechanik des Verlaufes. IEC. Ind. engng. Chem./Product R & D **12** (1973) 2, S. 110–116.

Deibig, H., Plachky, M.: Thermostabile Polymere. III. Polyimide der 1,4-Benzohydrochinontetracarbonsäure. Angew. makromol. Chemie, Basel **31** (1973) S. 75–81.

Guyot, A., Bert, M.: Über den thermischen Abbau von Polyvinylchlorid. VI. Anfangsstufen – eine allgemeine, vorläufige Untersuchung. J. appl. Polymer Sci. **17** (1973) 3, S. 753–768. (franz.).

Varma, D. S., Ravisankar, S.: Einige physikalische Eigenschaften von mit Acrylamid und Acrylnitril gepfropftem Polyamid 6. Angew. makromol. Chemie, Basel **31** (1973) S. 55–74. (engl.).

Boyer, R. F.: Einfriertemperaturen von Polyäthylen. Macromolecules, Washington **6** (1973) 2, S. 288–299.

Prokopová, E., Bohdanecký, M.: Elektrophoretisches Verhalten von undissoziierbaren Polymeren in wäßrigen Salzlösungen. Coll. czechoslov. chem. Commun. **38** (1973) 5, S. 1502–1506.

Hong, S.-J.: Elektrische Eigenschaften von Polymeren mit Isoxalin- und Isoxazolheterocyclen. Polymer, London **14** (1973) 6, S. 286–287.

Borisova, N. P., Erusalimskij, G. B., Ejzner, Ju. E.: Vergleich zweier halbempririscher Methoden zur Berechnung der elektrostatischen Wechselwirkungsenergie von polaren Molekülen. Ž. strukt. Chimii (Z. Strukturchemie) **14** (1973) 3, S. 585–587.

Karimov, S. N., Narzullaev, B. N., Korodenko, G. D., Džaloliddinov, A.: Einfluß der γ-Strahlung auf die Lebensdauer von Polyäthylenterephthalat Mech. Polimerov, Riga (Mech. d. Polymeren) (1973) 2, S. 239–243.

East, G. C., Kakar, S. K., Lupton, C. J., Truter, E. V.: Chromatographische Charakterisierung von Polymeren. Abbau von Polyamiden in festem Zustand. Proc. Soc. analytic. Chem. **10** (1973) 4, S. 93–97.

Horn, E., Jehring, H.: Untersuchungen mit der Wechselstrompolarographie. IX. Adsorptionsverhalten von Polyvinylalkohol und wasserlöslichen Cellulosederivaten an der Quecksilbertropfelektrode. Faserforsch. u. Textiltechnik **24** (1973) 6, S. 240–247.

Lánìková, J., Hloušek, M.: Trübungstitration von Polyphenylenoxid. Chem. Prům., Praha (Chem. Ind.) **23** (48) (1973) 6, S. 310–312.

Parijskij, G. B., Davydov, E. Ja., Toptygin, D. Ja.: Über den Mechanismus der photoinduzierten Umwandlung bei tiefen Temperaturen von Radikalen in Polycaproamid und in niedermolekularen Amiden. Izv. Akad. Nauk SSSR, Serija chim. (Nachr. Akad. Wiss. UdSSR, Chemie) (1973) 5, S. 1054–1061.

Griffiths, P. J. F., Hughes, J. G., Park, G. S.: Sauerstoffinhibierung bei der Autoxydation von Polypropylenglykol. J. Polymer Sci.: Polymer Letters **11** (1973) 3, S. 157–160.

Mal'čevskij, V. A., Regel', V. R., Železnov, V. I., Fal'kovskij, M. G.: Einfluß der Plastifizierung von Nitrocellulose auf die Aktivierungsenergie ihres Zerstörungsprozesses. Mech. Polimerov, Riga (Mech. d. Polymeren) (1973) 2, S. 355–358.

Koshijima, T., Tanaka, R., Muraki, E., Yamada, A., Yaku, F.: Chelatbildende Polymere auf der Basis von Cellulose und Chitin. I. Bildung von Polymerkomplexen mit Metallionen. Cellulose Chem. Technology, Jassy/Rum. **7** (1973) 2, S. 197–208. (engl.).

Physik und Chemie der Monomeren und Oligomeren

Nakaoka, K., Miyama, Y., Matsuhisa, S., Wakamatsu, S.: Herstellung von Terephthalsäure mit Paraldehyd als Aktivator. IEC. Ind. engng. Chem./ Product R & D **12** (1973) 2, S. 150–155.

Stoenciu, A.: Aromatische Diamine – Grundkomponenten für die Herstellung thermisch beständiger Polymerer. II. Synthese von 6-(3'5'-Diamino-phenyl)-phenanthridin (DAPP). III. Synthese von 2.7-Diamino-5.10-diaryl-4.9.-diazapyren. Materiale plast., Bucureşti **10** (1973) 1, S. 18–21; 4, S. 181–183.

Polymerisation

Mansour, O. Y., Schurz, J.: Einige Aspekte der Pfropfung von Vinylmonomeren auf Cellulose mit vierwertigem Cer. II. Svensk Papperstidn. **76** (1973) 8, S. 288–291. (engl.).

Rafler, G., Bonatz, E., Reinisch, G.: Zur Kinetik der Polyäthylenterephthalatbildung im offenen System. I. Polykondensation von Bis(β-hydroxyäthyl)-terephthalat in einem gerührten Polykondensationssystem. Faserforsch. u. Textiltechnik **24** (1973) 6, S. 235–239.

Mizerovskij, L. N., Pajkačev, Ju. S., Silant'eva, V. G., Soličev, N. V.: Zur relativen katalytischen Aktivität von Säuren bei der hydrolytischen Polymerisation von Caprolactam. Chim. Volokna (Chem. Fasern) (1973) 3, S. 69.

Širšin, V. S., Kuplenaja, V. A., Račinskij, L. V., Ignat'ev, Ju. S., Usačeva, T. A., Charitonov, V. M., Strel'cov, A. A.: Optimierung der Polyamidierung von ε-Caprolactam. Zavodsk. Labor., Moskva (Betriebslabor) **39** (1973) 5, S. 588–589.

Crabtree, J. R., Grimsby, F. N., Nummelin, A. J., Sketchley, J. M.: Die Rolle der Diffusion bei der Ziegler-Polymerisation von Äthylen. J. appl. Polymer Sci. **17** (1973) 3, S. 959–976.

Kobayashi, H., Bell, A. T., Shen, M.: Bildung eines amorphen Pulvers während der Polymerisation von Äthylen in einer Hochfrequenzentladung J. appl. Polymer Sci. **17** (1973) 3, S. 885–892.

Šilov, G. I., Kirillov, A. I., Krymova, A. I.: Untersuchung der Emulsionspolymerisation von Vinylchlorid in Gegenwart eines Emulgators, der keine Mizellen bildet. Vysokomol. Soed. (Hochmol. Verbind.) Serie A **15** (1973) 6, S. 1378–1381.

Balke, S. T., Hamielec, A. E.: Polymerisation von Methylmethacrylat in Masse. J. appl. Polymer Sci. **17** (1973) 3, S. 905–949.

Hallensleben, M. L.: Über die Herstellung von Poly-p-(ω-lithiumalkyl)-styrolen und ihre Anwendung als polymere Metallierungsmittel. Angew. makromol. Chemie, Basel **31** (1973) S. 147–159.

Tamura, K., Murakami, S., Fujishiro, R.: Verdünnungswärmebestimmung einer Polymerlösung: Zur Prüfung einer Korrektur der Rührungswärme, die den Viskositätsdifferenzen vor und nach der Verdünnung beizumessen ist. Polymer, London **14** (1973) 6, S. 237–240.

Pittman, Ch. U., jr., Rounsefell, Th. D.: Fortran-IV-Programme für das vorletzte (penultinate) Copolymerisationsmodell. J. Polymer Sci.: Polymer Chem. **11** (1973) 3, S. 621–628.

Imai, K., Kurihara, M., Mathias, L., Wittmann, J., Alston, W. B., Stille, J. K.: Synthese und Eigenschaften von wärmebeständigen Leiterpolymeren, die den 1,4-Pyrazinring enthalten, durch Polyheterocyclisierung von Tetraminen und Tetraketonen in Polyphosphorsäure und m-Kresol. Macromolecules, Washington **6** (1973) 2, S. 158–162.

Pogorelko, V. Z., Rjabov, A. V., Nistratova, L. N.: Über die Zerfallskonstante von Dicyclohexylperoxydicarbonat unter Heterophasenbedingungen. Vysokomol. Soed. (Hochmol. Verbind.) Serie B: Kratkie Soobšč. (Kurzmitt.) **15** (1973) 5, S. 318–319.

Mikitaev, A. K., Koršak, V. V., Semenova, A. I., Kucenko, N. I., Kolečko, Ju. I., Mussaev, Ju. I.: Zur Hochtemperaturpolykondensation unter Beteiligung von 3,9-Di-(4-hydroxyphenyläthyl)spirobimetadioxan. Vysokomol. Soed. (Hochmol. Verbind.) Serie B: Kratkie Soobšč. (Kurzmitt.) **15** (1973) 5, S. 343–345.

Kobayashi, N., Fujisawa, T.: Schwefelhaltige Polymere. VII. Alternierende Copolydisulfide. J. Polymer Sci.: Polymer Chem. **11** (1973) 3, S. 545–552.

Sonderfragen

Tjuganova, M. A., Korjakovskaja, Ž. P., Cibikov, V. V., Frosin, V. N.: Bestimmung der relativen Sorptionsgeschwindigkeit von Ca-Ionen durch einen Kationenaustauscher-Regeneratcellulosefaserstoff und den Ionenaustauscher KU-2. Chim. Volokna (Chem. Fasern) (1973) 3, S. 74.

II. Faserstoffe. Ausgangsstoffe usw.

Hearle, J. W. S., Simmens, S. C.: Elektronenmikroskopische Untersuchungen von textilen Fasern und Materialien. Polymer, London **14** (1973) 6, S. 273–285.

Seidel, L. E.: Hochnaßmodul-Viskosefaser/Baumwoll-Mischungen: 10 ergeben 12. Textile Ind. **137** (1973) 3, S. 51, 52, 55.

Naturfaserstoffe

Pflanzliche Faserstoffe

Onetiu, M., Bacalu, M., Baican, R.: Gammastrahlung als Initiator der Pfropfreaktion des Methylmethacrylats auf Baumwolle. Ind. textilă, Bucureşti **24** (1973) 4, S. 212–214.

Tierische Faserstoffe

Bendak, A.: Neuartige Gesichtspunkte der Photochemie der Wolle. Teil I. Der Einfluß von Licht auf Wolle. Amer. Dyestuff Rep. **62** (1973) 1, S. 46, 48, 49, 50.

Chemiefaserstoffe

Rohe, D.: Italienische Chemiefaserindustrie – Sündenbock für Überkapazitäten? Chem. Ind., Düsseldorf **25** (1973) 5, S. 300–303.
Eickhoff, H.: Grenzschichtuntersuchung zum Schmelzspinnprozeß. Chemie-Ing.-Technik **45** (1973) 9/10, S. 587–589.
Pirkl, A.: Die Bewertung der Qualität von chemischen Fasern und Textilhilfsmitteln. Textil, Praha **28** (1973) 4, S. 144–146.

Cellulose und Zellstoff

Lenič, J.: Vorhydrolyse von Buchenholz und ihr Einfluß auf die chemischen und physikalischen Eigenschaften der Fasern. II. Paperi ja Puu, Helsinki (Papier u. Holz) **55** (1973) 4, S. 325–328, 331–332, 335–336, 337–340.
Akim, G. L.: Zum Abbau der Cellulose bei der Sauerstoffbleiche. Paperi ja Puu, Helsinki (Papier u. Holz) **55** (1973) 5, S. 389–391, 395–396, 399–400. (engl.).
Philipp, B., Wießner, P.: Analytische Untersuchungen zur Eignungsbeurteilung von Rohlinters und Linterszellstoffen für die Acetylierung. Faserforsch. u. Texitltechnik **24** (1973) 6, S. 225–234.

Regeneratfaserstoffe

Treiber, E., Ehrengard, D.: Der Einfluß des Verzuges auf den Viskosefaden, insbesondere unter Kordspinnbedingungen. Lenzinger Ber., Lenzing/Österr. (1973) 35, S. 10–16.
Agster, A.: Latente Schädigungen an Cellulosefasern. Bedeutung für Farbstoffaufnahmevermögen und Gebrauchstüchtigkeit der Faser. Melliand Textilber. internat. **54** (1973) 5, S. 497–503.
Beljaeva, V. A., Veršinina, E. P., Tokareva, L. G., Šeiko, T. I., Sucholet A. Ju.: Bilanzierung der Tenside bei der Herstellung von Viskosecordseide. Chim. Volokna (Chem. Fasern) (1973) 3, S. 46–47.
Suškov, V. I., Aleksandrovič, I. F. Rozenberg, A. Ja., Kim, V. P., Gusev, S. S.: Bestimmung des Glyceringehaltes in Regeneratcellulosefolien mittels IR-Spektroskopie. Chim. Volokna (Chem. Fasern) (1973) 3, S. 64–65.
Barabanov, N. N., Perepečkin, L. P., Markasjan, D. E.: Ultraschallverfahren zur automatischen Kontrolle der Fällbadzusammensetzung beim Erspinnen von Acetatfaserstoffen. Zavodks. Labor., Moskva (Betriebslabor) **39** (1973) 5, S. 590–591.

Synthetische Faserstoffe

Doppert, H. L., Harmsen, G. J.: Der Einfluß des Reckverhältnisses auf die Diffusionsgeschwindigkeit bei einem Naßerspinnverfahren. J. appl. Polymer Sci. **17** (1973) 3, S. 893–903.
Mark, H.: Quantitative Betrachtungen über das Schmelzspinnen. Lenzinger Ber., Lenzing/Österr. (1973) 35, S. 5–9.
Spinnstrecken – Schnellspinnen – Strecktexturieren. Chemiefasern/Textil-Ind. **23/75** (1973) 6, S. 532–534.
Imoto, M.: Möglichkeit der Entwicklung neuer Synthesefasertypen. Japan Textile News (1973) 218, S. 88–90.
Müller, S., Osterloh, F.: Eigenschaften der Trevira-Wolltypen unter besonderer Berücksichtigung der Färberei. Textil-Praxis internat. **28** (1973) 4, S. 217–222.
Riggert, K.: Schnellspinnen von Polyester-Endlosfäden. Chemiefasern/Textil-Ind. **23/75** (1973) 6, S. 523–537.
Stryker, A. B., jr.: Tajmir Nylon 4 – die „Universal"-Faser? Chemiefasern/Textil-Ind. **23/75** (1973) 6, S. 527–532.
Rusznák, I., Bertalan, G., Bereck, A., Trézl, L., Zaoui, A.-N.: Erzeugung und Verwendung von Garnen aus fibrilliertem Polypropylen. I. Magyar Textiltechn. **26** (1973) 4, S. 176–180.
Koczy, L., Fulop, I., Gelafi, F.: Einfluß des Streckens auf bestimmte rheologische Eigenschaften von Polypropylenseiden. Ind. textile, Paris (1973) 1021, S. 155–160.
Levites, L. M., Kudrjavcev, G. I., Šablygin, M. V., Gabrieljan, G. A., Rogovin, Z. A.: Herstellung von thioamidierten Faserstoffen auf der Basis eines Acrylnitril-Vinylchlorid-Copolymeren. Chim. Volokna (Chem. Fasern) (1973) 3, S. 21–23.
Peter, E., Hartig, S., Dohrn, W.: Einige Probleme des Erspinnens von Polyacrylnitrilfaserstoffen. Lenzinger Ber., Lenzing/Österr. (1973) 35, S. 17–19, 22–24.

Künstliche mineralische Faserstoffe

Cociașu, C.-A.: Kohlenstoff-Fasern. Materiale plast., București **10** (1973) 3, S. 136–140.
Torayca: Eine neuentwickelte Kohlenstoff-Faser. Japan Textile News (1973) 218, S. 84–87.

Ausgangsstoffe. Schaumstoffe. Kautschuk

Krumpholz, R., Meilgen, R.: Zweckmäßige Stahlauswahl beim Verarbeiten von Kunststoffen. Kunststoffe **63** (1973) 5, S. 286–291.

III. Fäden-Herstellungstechnologien

Vékássy, A.: Die voraussichtliche Entwicklung von einzelnen Wissensgebieten und Verfahrenstechniken der Textiltechnologie in den kommenden Jahrzehnten. I. Teil. Magyar Textiltechn. **26** (1973) 4, S. 161–175.

Spinnerei. Zwirnerei

Spinnereivorbereitung

Sirotkin, B. P.: Berechnung der Abfallmenge in Abhängigkeit vom Verunreinigungsgrad der Mischung. Tekstil. Prom., Moskva (Textil-Ind.) **33** (1973) 3, S. 30–31.
Douglas, K.: Kontinuierliches Überwachen von Hochleistungsmaschinen. Textile J. Australia **48** (1973) 1, S. 34–36, 38, 40–42.

Spinnerei

Wolf, H. B.: Abfallausscheidung am Rotorspinner. Textil-Praxis internat. **28** (1973) 4, S. 187–189.

Zwirnerei

Rasant – ein universeller und funktionssicherer Nähfaden. Bekleid. u. Wäsche **25** (1973) 10, S. 840, 842.

Erzeugnisse der Spinnerei und Zwirnerei

Ellis, B. C., Walls, G. W.: Drehungsverteilung in selbst drehenden Webgarnen (STT). Teil III. Die Zusammenhänge der Drehungsniveau-Einflüsse. Textile Inst. Ind. **11** (1973) 5, S. 120–122.
Ripka, J.: Methoden der Forschung der Ungleichmäßigkeit von Spinnereiprodukten nach Prof. Dr. Sc. A. G. Sevostjanov. III. Teil. Textil, Praha **28** (1973) 4, S. 128–131.
Netea, M., Diaconescu, N.: Experimentelle Untersuchungen über den Einfluß der Wollbänder auf die Qualität der Kammgarne. Ind. textilă, București **24** (1973) 4, S. 215–224. (mit dt., engl., franz. u. russ. Zusammenfass.).
Edmé, J.: Die Hochbauschgarne aus Acrylfasern. Ind. textile, Paris (1973) 1020, S. 126–132.
Tomaszewski, L.: Textilrohstoffe, die zur Herstellung von Verbandsmaterialien eingesetzt werden. Technik włókienn. (Textiltechn.) **22** (1973) 2, S. 42–45.

Texturfäden

Smirnov, L. S.: Herstellung von Texturseiden und Methoden zur Bewertung ihrer Eigenschaften. Textiltechnik, Leipzig **23** (1973) 5, S. 284–287.
Redman, G.: Das Schmälzen von Falschdraht-Texturgarnen. Hosiery Trade J. **80** (1973) 952, S. 99–101.
Makarov, Ju. M., Volchonskij, A. A.: Zur Texturierung und Verarbeitung von Kaproncordabfällen in der Textilindustrie. Chim. Volokna (Chem. Fasern) (1973) 3, S. 57.

IV. Flächengebilde-Herstellungstechnologien

Entwicklung neuer Zwischenfutter. Japan Textile News (1972) 217, S. 76, 77, 81.
Rhodes, P. L., Ruppenicker, G. F., Kingsbery, E. C., Little, H. W.: Verbesserte Baumwollgewebekonstruktionen mit Denimgewicht für permanent gebügelte Arbeitshosen. Amer. Dyestuff Rep. **62** (1973) 2, S. 42, 44, 45, 46.
Charcharov, A. A., Zabašta, V. N., Kiselev, A. M.: Verfestigung des Flors von Kunstpelz auf gewirktem Grund. Tekstil. Prom., Moskva (Textil-Ind.) **33** (1973) 3, S. 59–60.

Materialvorbereitung

Jetzt weniger Sachkenntnis für die Kettvorbereitung an Kettenwirk- und Raschelmaschinen erforderlich. Textile J. Australia **48** (1973) 1, S. 25–26, 28, 30.
Zawadzki, J., Janusz, T.: Wachsen von Ketten. Technik włókienn. (Textiltechn.) **22** (1973) 2, S. 51–53.

Weberei

Weberei-Technologie

Plate, E. A., Hepworth, K.: Anschlagkräfte beim Weben. Teil II. J. Textile Inst. **64** (1973) 5, S. 233–249.
Kessels, K.: Entwicklung und Wirtschaftlichkeit der verschiedenen Bandwebsysteme. Band- u. Flechtind. **10** (1973) 2, S. 54, 56, 58–59, 62, 64–65, 68–69, 71. (dt., engl., franz.).
Gruznov, L. P., Kut'in, Ju. K., Golych, V. P.: Kontrolle der Geschwindigkeitsparameter von Webmaschinen mittels Steuerrechenanlagen. Tekstil. Prom., Moskva (Textil-Ind.) **3 3**(1973) 3, S. 5–7.
Rohlena, V.: Tschechoslowakischer Mehrfach-Webstuhl Contis. Textil, Praha **28** (1973) 4, S. 123–127.

Wirkerei und Strickerei. Konfektion. Sonstige Technologien

Schubert, H.: Erzeugnisgruppenarbeit verlangt höhere Qualität. Bekleid. u. Maschenware **12** (1973) 2, S. 50.

Wirkerei- und Strickerei-Technologie

Shelton, W. E. A.: Vorrichtung zur Garnausrüstung: Ein Über- und Rückblick auf die gegenwärtige Praxis. Textile Inst. Ind. **11** (1973) 6, S 150–153.

Erzeugnisse der Wirkerei und Strickerei

Weser, H. R.: HAKA – Stoffe von Raschel- und Kettenwirkmaschinen. Ein Bericht über die US-Marktsituation 1972. Melliand Textilber. internat. **54** (1973) 5, S. 486–487.
Gluth, H.: Durchlaufzeit und Losgröße im Maschenbetrieb. Eine Sonderaufgabe der Fertigungs-Statistik. Wirk.- u. Strick.-Technik **23** (1973) 5, S. 305–307.
Brooms, G. H.: Herstellung von Kettengewirken aus Garn auf modernen Hochleistungskettenwirkmaschinen. Mod. Textiles Mag. **54** (1973) 2, S. 42–43.
Pospelov, E. P.: Dreifaches Kuliergewirke. Izv. vysšich uč. Zav. Technol. legkoj Prom. (Hochschulnachr. Technol. Leichtind.) (1973) 1, S. 100–104.
Dodu, A.: Beiträge zum Studium der Aufrauhung von Kettenwirkwaren aus synthetischen Filamentgarnen. Kettenwirk-Praxis **7** (1973) 2, S. 23–28.
Hezina, M.: Neue Technik in der Maschenindustrie. Textil, Praha **28** (1973) 4, S. 136–137.
Höhere Systemzahl oder höhere Arbeitsgeschwindigkeit bei Jacquard-Großrundstrickmaschinen? Eine kritische Betrachtung. Melliand Textilber. internat. **54** (1973) 5, S. 473–474.
Savčuk, N. G., Simonenko, D. F., Radčenko, L. F.: Untersuchung der Ursachen des Differierens der errechneten und faktischen Masse pro m^2 Trikotagen. Izv. vysšich uč. Žav. Technol. legkoj Prom. (Hochschulnachr. Technol. Leichtind.) (1973) 1, S. 24–27.
Holfeld, W. T., Pratt, H. T.: Moiré – Störenfried in Maschentextilien. Amer. Dyestuff Rep. **61** (1972) 12, S. 58–59.
de Salis, S.: Die neuesten Entwicklungen am System Dubied C-36. Hosiery Trade J. **80** (1973) 952, S. 95–98.
Gromoll, H. W., Heine, G., Kummer, D.: Umstrickte Faservliese zur Wundbehandlung. Substitutionsmöglichkeiten von Mullgeweben durch Wundkompressen und Wundkissen aus umstrickten Faservliesen. Hohe Wirtschaftlichkeit des Herstellerverfahrens. Wirk.- u. Strick.-Technik **23** (1973) 5, S. 350, 352–354.

Konfektion

Schultze, J.: Sozialistische Rationalisierung in der Produktionsstufe Konfektion. Bekleid. u. Maschenware **12** (1973) 2, S. 52–54.
Schwab, R.: Fließbandfertigung in der Konfektion. Melliand Textilber. internat. **54** (1973) 5, S. 496–497.
Doi, S.: Technische Schwierigkeiten beim Einsatz von schmelzbarem Zwischenfutter. Japan Textile News (1972) 217, S. 78, 79.

Textilverbundstoffe

Sievers, K.: Herstellung von Verbundstoffen. Ind. textile, Paris (1973) 1021, S. 167–170

Faserverbundstoffe. Vliesstoffe

Houben, H., Papst, M.: Verkleben von Synthesefasern unter Hochtemperatur-Bedingungen. Chemiefasern/Textil-Ind. **23/75** (1973) 6, S. 564–570.
Jakob, H. G.: Herstellung von Trägervliesen für die Syntheseleder-Produktion. Textil-Praxis internat. **28** (1973) 4, S. 224, 225–226.
Ehrler, P., Janitza, J.: Gekräuselter Faser-Kurzschnitt und voluminöse naß gelegte Vliese. Melliand Textilber. internat. **54** (1973) 5, S. 466–470.
Goullioud, P.: Herstellungsverfahren für Vliesstoffe und Entwicklung von synthetischem Papier. Rev. Atip. Assoc. techn. Ind. pap., Paris **27** (1973) **2**, S. 119–129.

Fadenverbundstoffe

Zeißberg, P., Bubner, J., Böttcher, I.: Nähmaschinen Malimo — ihre technischen und technologischen Möglichkeiten. Teil 3. Textiltechnologische Möglichkeiten der Nähwirkmaschinen Malimo Typ Malimo. Textiltechnik, Leipzig **23** (1973) 4, S. 231–238.
Strnad, O.: Ökonomische Betrachtung der Arachne-Technologie. Textil, Praha **27** (1973) 4, S. 137–138.

V. Textilveredlung

Mard, H. H. St., Hamalainen, C., Cooper, A. S., Reeves, W. A.: Bewetterungswiderstand von mit abgewandeltem Chrommineralfarbstoff gefärbten Textilien. Amer. Dyestuff Rep. **62** (1973) 2, S. 60, 62–65.
Sturkey, W. C.: Vorbehandlung, Färben und Ausrüsten von Geweben aus Polyestertexturgarn. Amer. Dyestuff Rep. **62** (1973) 1, S. 42, 44, 45.
Rösch, G.: Zur Anwendung optischer Aufheller in der Textilindustrie. Teil II. Die Chemie der optischen Aufheller. Teil III. Wie verhalten sich Aufheller gegenüber Naturfasern? Textilbetrieb **91** (1973) 4, S. 77–79; 5, S. 55–58.
Queck, K.: Veredlung von Polfaden-Nähgewirken. Textiltechnik, Leipzig **23** (1973) 5, S. 287–289.
Scheer, R.: Farbstoffe, Waschmittel und Hilfsmittel auf der Leipziger Frühjahrsmesse. II. Textilreinigung **20** (1973), 6, S. 179–181.

Bleicherei. Sonstige Vorbehandlungsverfahren der Textilveredlung

Szentpály, T.: Versuche und Erfahrungen mit den neuesten Vollbreite-Kontinue-Bleich-Verfahren. Magyar Textiltechn. **26** (1973) 4, S. 195–202.
Fußnegger, K., Frings, H. L.: Rationalisierung in der Warenkontrolle. Textil-Praxis internat. **28** (1973) 4, S. 226–229.

Färberei

Farbstoffdosierung senkt Betriebskosten. Internat. Dyer, Textile Printer, Bleacher, Finisher **149** (1973) 8, S. 450–453.
Mihalik, B.: Gemustertes Färben mittels in Lösungsmitteln gelösten Farbstoffen. Magyar Textiltechn. **26** (1973) 4, S. 181–188.
Supanekar, S. D., Daruwalla, E. H.: Beziehungen zwischen viskoelastischen Parametern von hydrophoben Faserstoffen und dem Färben mit Dispersionsfarbstoffen. J. appl. Polymer Sci. **17** (1973) 3, S. 863–871.
Kubánek, V., Králiček, J., Kondeliková, J.: Färben des durch alkalische Polymerisation hergestellten Polyamids. Chem. Prům., Praha (Chem. Ind.) **23**(48) (1973) 5, S. 253–254.
Tiskovskaja, V. A., Valov, V.N.: Färben von Geweben aus Fasermischungen mit Küpenfarbstoffen. Tekstil. Prom., Moskva (Textil-Ind.) **33** (1973) 3, S. 64–65.

Druckerei

Schwindt, W., Müller, R., Wolf, D.: Das spezifische Verdickungsmittel als Voraussetzung für den erfolgreichen Teppichdruck. Melliand Textilber. internat. **54** (1973) 5, S. 510–513.
Eibl, J.: Der Agfa-Konturfilm als Mittel neuer Dessinierungsmöglichkeiten. Chemiefasern/Textil-Ind. **23/75** (1973) 6, S. 563–564.
Pasculescu, H., Nita, A.: Mit Lumineszenzeffekt bedruckte Gewebe. Ind. textilă, Bucureşti **24** (1973) 4, S. 243–244. (mit dt., engl., franz. u. russ. Zusammenfass.).
Klemm, M.: Detailreproduktion im Rotationsfilmdruck mit vollperforierten Schablonen. Melliand Textilber. internat. **54** (1973) 5, S. 521–528.
Kühnel, W.; Wirtz, J.: Fixier- und Nachbehandlungsbedingungen beim Bedrucken von PES-Teppichböden. Melliand Textilber. internat. **54** (1973) 5, S. 516–519.

Ausrüstung. Trocknung

Bátky, E.: Über die Beziehungen zwischen dem Vorfixieren der Maßbeständigkeit und der Breite synthetischer Gewebe. Magyar Textiltechn. **26** (1973) 4, S. 207–209.
Schrumpfung bei Maschentextilien aus Baumwolle keine Schwierigkeit mehr! Hosiery Trade J. **80** (1973) 952, S. 125, 126.
Petersen, H.: Wechselwirkung von Vernetzern und Katalysatoren in der Hochveredlung. 10. Mitteilung. Melliand Textilber. internat. **54** (1973) 5, S. 529–532.
Smith, F. R.: Trockene Brückenbindungsumwandlung von naß vernetzter Viskosefaser. Amer. Dyestuff Rep. **62** (1973) 2, S. 47–49.
Rawls, H. R., Alost, J. A., Klein, E., Vail, S. L.: Die Beziehung zwischen Molekülparametern und Polymerverteilung und die Fähigkeit eines Polymeren, die Elastizität von Baumwollgeweben zu verbessern. J. appl. Polymer Sci. **17** (1973) 4, S. 1187–1196.
Krässig, H.: Betrachtungen zum Knitter- und Knittererholungsverhalten von Zellulosetextilien. Lenzinger Ber., Lenzing/Österr. (1973) 35, S. 26–32.
Günther, I., de la Torre, H., Flath, H.-J.: Untersuchungen zum Kondensationsverlauf bei der Knitterarmausrüstung mit N-Methylolverbindungen. III. Mitt.: Abhängigkeit des Kondensationsverlaufes von den technologischen Bedingungen. Faserforsch. u. Textiltechnik **24** (1973) 6, S. 254–260.
Caldwell, J. B., Milligan, B.: Natrium-Benzoyl-Thiosulfat: ein wasserlösliches Benzoylierungsmittel für Wolle. J. Textile Inst. **64** (1973) 5, S. 295–297.
Schmelzpresse, deren gegenwärtige Lage und Schwierigkeiten. Japan Textile News (1972) 217, S. 34–36.

Wäscherei. Chemische Reinigung

Wäschereiforschung Krefeld: 26. Referatetagung. Reiniger + Wäscher **26** (1973) 5, S. 30–32.
Otto, O.: Bleichtechniken in Verbindung mit dem Waschprozeß. Reiniger + Wäscher **26** (1973) 5, S. 23–24.
Jacobasch, H.-J., Schumann, U.: Zum Zusammenhang zwischen der Adsorption von Tensiden an Faserstoffen und ihrer Waschwirkung gegenüber Pigmentschmutz. Faserforsch. u. Textiltechnik **24** (1973) 6, S. 248–253.
Hoffmann, S.: Rationalisierung des Transports von Wäscheposten zwischen Expedition und Lager durch Einsatz des Convlex-Förderers. Textilreinigung **20** (1973) 6, S. 174–175.
Lewis, T.: Zwölf Monate Erfahrung mit FKW-Lösemittel R 113. Reiniger + Wäscher **26** (1973) 6, S. 21–23.

VI. Werkstoffprüfung. Meß- und Prüftechnik. Standardisierung

Miller, B.: Entflammbarkeits-Terminologie erfordert umfassende Verbesserung. Amer. Dyestuff Rep. **62** (1973) 1, S. 25–27.
Haase, J.: Erfahrungen bei der Prüfung der Masseungleichmäßigkeit von textilen Flächengebilden nach dem Prinzip der Absorption radioaktiver Strahlung. Textiltechnik, Leipzig **23** (1973) 4, S. 243–246.

Eigenschaften und Fehler der Textilmaterialien u. a.

Leblanc, B. R., Leblanc, D. A.: Entflammbarkeit von Stoffen für Schlafkleidung, die mit verschiedenen Waschmitteln gewaschen wurden. Amer. Dyestuff Rep. **62** (1973) 1, S. 28–30.
de Ruvo, A., Brehde, L.: Einfluß der Temperatur und Feuchte auf das mechanische Verhalten von Zellstoffeinzelfasern nach Pfropfung mit Polyacrylamid. Cellulose Chem. Technology, Jassy/Rum. **7** (1973) 2, S. 191–196.
Kurbanaliev, M. K., Tager, A. A., Narzullaev, B. N., Rasulov, N. S., Dustov, I. K., Dreval', V. E., Anikeeva, A. A.: Einfluß der Natur des Lösungsmittels auf die Haltbarkeit von aus Lösungen gegossenen Celluloseacetatfilmen. Mech. Polimerov, Riga (Mech. d. Polymeren) (1973) 2, (1973) 2, S. 360–362.
Herzog, W.: Der Einfluß der Konstruktion eines Teppichs auf dessen Komfortwert im Endgebrauch. Lenzinger Ber., Lenzing/Österr. (1973) 35, S. 34–36, 38–40, 42–44, 46.

Meß- und Prüftechnik

Grigor'ev, V. I., Cirlin, A. M.: Statistische Qualitätskontrolle von spröden Fasern. Zavodsk. Labor., Moskva (Betriebslabor) **39** (1973) 5, S. 571–575.
Davis, S., Park, J.: Bewertung und Prüfung von Farbstoffen für den Gebrauch in der Textilindustrie. Internat. Dyer, Textile Printer, Bleacher, Finisher **149** (1973) 8, S. 432, 436, 439, 440.
Bobeth, W., Khanna, P., Putzger, G.: Rationelles Faserklemmverfahren zur Messung der Längenverteilung an Baumwollfasern. Textiltechnik, Leipzig **23** (1973) 5, S. 301–306.
Ellis, P., Munden, D. L.: Theoretische und experimentelle Untersuchung an leinwandbindigen Geweben mit symmetrischer Fadendichte. Teil I. Einfluß von Fadendichte und Relaxationsgrad auf die gemessenen Querschnittsabmessungen der Fäden. J. Textile Inst. **64** (1973) 5, S. 279–294.
Chapman, B. M.: Das Biegeverhalten von textilen Flächengebilden bei starker Krümmung. J. Textile Inst. **64** (1973) 5, S. 250–262.

Standardisierung. Terminologie

Panfilova, M. M., Fedorova, E. F.: Zur Standardisierung der Terminologie. Chim. Volokna (Chem. Fasern) (1973) 3, S. 76–77.
Kirchenberger, H., Prusa, E.: Systematik und Terminologie der textilen Flächengebilde. Lenzinger Ber., Lenzing/Österr. (1973) 35, S. 48–56.
Nomenklatur von regelmäßigen, unverzweigten organischen Polymeren. Macromolecules, Washington **6** (1973) 2, S. 149–158.

VII. Betriebstechnik. Ökonomie. Tagungsberichte und dgl.. Sonderfragen

Betriebstechnik

Automatische Steuerung beim diskontinuierlichen Aufschluß. System AUTOCOOK. Svensk Papperstidn. **76** (1973) 9, S. 335–338.
Ranhagen, G.: Eine Zellstoff- und Papierfabrik mit vollständig geschlossenem Kreislauf — eine Utopie oder eine realistische Möglichkeit? Zellstoff u. Papier **22** (1973) 6, S. 172–179.
Jacquard-Raschelmaschinen — die Technik der Zukunft. 1. Kettenwirk-Praxis **7** (1973) 2, S. 13–20.
Neuer Einzylinder-Rundstrickautomat zur Herstellung nahtloser Einstück-Feinstrumpfhosen mit fertigem Elastikbund. Wirk.- und Strick.-Technik **23** (1973) 5, S. 348–350.
Horbach, W.: Über Stand und Entwicklung des Herstellens und Anwendens von Fördergurten unter besonderer Berücksichtigung leichter Plastfördergurte. Techn. Textilien **16** (1973) 2, S. 31–34.

Ökonomie

Kádár, L.: Marktforschung — Verbraucherdienst. Magyar Textiltechn. **26** (1973) 4, S. 203–206.
Bobeth, W., Mikut, R.: Erfahrungen in der wissenschaftlich-technischen Zusammenarbeit von Finalproduzenten der Leichtindustrie mit der chemischen Industrie. Textiltechnik, Leipzig **23** (1973) 5, S. 273–276.
Verfahren aus den USA in direkter Lizenz nach China. Chem. engng. News **51** (1973) 20, S. 3.
Komplexautomatisierung und Anwendung der Kybernetik in der Produktion und Leitung — Faktoren zur Steigerung der Arbeitsproduktivität. Tekstil. Prom., Sofija (Textil-Ind.) **22** (1973) 3, S. 114–116.
Görgl, K.: Zur Normierung technologischer Gemeinkosten in der Textilindustrie. Textiltechnik, Leipzig **23** (1973) 4, S. 212–216.
Mike, I.: Aufgaben bei der Einführung neuer Produkte. Magyar Textiltechn. **25** (1973) 4, S. 210–211.

Sonderfragen

Beh, F.: Leitfaden der textilen Fertigung. Die Garnherstellung. Textil-Praxis internat. **28** (1973) 4, S. 185–186.
Martindale, J. G.: Einige Beobachtungen über Textil-Unterricht und -Forschung in den USA. Textile Inst. Ind. **11** (1973) 6, S. 147–149.
Riesiger Trinkwasserspeicher in Holland. Breitbahn-Membranen als Böschungsschutz. Kunststoff-Berater **18** (1973) 5, S. 359.

TEXTILMASCHINEN
Krempelwölfe, Lumpenreißer, Fadenöffner
Automatische Mischanlagen
Krempelsätze für die Streichgarnspinnerei
Krempelsätze für die Kammgarnspinnerei
Automat. Anlagen für Faserflies-Nähgewirke
Spezialkrempelsätze für Watte und Filze
Ringspinnmaschinen und Dosen-
spinnmaschinen für Streichgarnspinnerei
Ringspinnmaschinen für Halbkammgarn-
spinnerei
Hilfsgeräte und Apparate
BEFAMA
BEFAMA
Powstańców Śl. 6,
43–300 BIELSKO-BIAŁA, VR Polen
Tel.: 230–61 – Telex: 035333, 035334
Telegramm: BEFAMA Bielsko-Biała
BEFAMA